초능력과 영능력개발법 ❸

와타나베 저
안동민 편저

서음미디어

머 리 말

　당신은 '초능력'이라는 것을 믿습니까? 나는 이 책을 씀에 있어 '초능력'이란 말이 갖는 애매모호함과 우선 싸우지 않으면 안 되었다.
　하나의 낱말이 몇가지의 해석이나 인상을 받는 쪽에 준다는 것은 드문 일이 아니지만, 이 '초능력'이라는 말의 받아들여짐도 꽤나 다양한 것임을 각오하지 않을 수 없었기 때문이다.
　여기에는 동경심과 의혹, 비웃음에 이르기까지 온갖 개념이 내포되고 있다.
　따라서 나는 이 책을 읽어주시는 독자에게 내가 생각하는 '초능력'의 정의(定義)를 먼저 전해 두겠다. '초능력'이란 본래 인간이 의식, 무의식을 불문하고 잠재적으로 갖고 있는 일상성을 넘은 능력이 우연이거나 혹은 어떤 유의 훈련에 의해 현재성(顯在性)을 갖는 것이며, 그 에네르기 근원은 어디까지나 그 개인의 내부에 돌려진다.
　그러므로 나의 '초능력'이야기 중에는 '총알보다도 빠르고 기관차보다 강하며 높은 빌딩도 단번에 뛰어오른다, 하늘을 보라, 새다! 비행기다!' 하는 소개가 있은 뒤 화려하게 등장하는 영웅같은 존재는 나타나지 않는다.
　왜냐하면 우리들은 결코 자기들이 먼 혹성 크립프톤에서 캡슐을 타고 날아온 것이 아님을 알고 있기 때문이다. SF소설은 마음을 설레이게 해준다. 그러나 지금 여기서 중요한 것은 SF 세계의 영웅들을 찬미하는 것이 아니다.

우리들에게 있어 현실적으로 도움이 되는 '초능력'이란 것이 존재하느냐 여부가 문제인 것이다.

나는 인간이라면 누구나 그 내부에 일상성을 초월하는 힘을 갖는다고 확신한다. 왜냐하면 인간의 뇌는 생리학적으로 보아 아직도 미개발, 미사용의 많은 능력을 간직하고 있음이 알려져 있고, 초심리학의 연구가 진보됨에 따라 인간이 갖는 영성(靈性)과 우주와의 연관도 조금씩 해명되는 방향으로 가고 있기 때문이다.

당신은 실로 당신의 능력을 아직 ⅓도 현실로 발휘하고 있지 않다고 생각한다. 당신의 뇌를 초고층 빌딩으로 비유한다면, 그것은 70층 가운데 20층 가량이 사용되고, 5층 정도 사용 교섭중이라고나 할까. 아직도 인간의 잠재 능력은 미개발의 부분이 상당히 남아있다.

이 책은 당신을 새처럼 날게 하는 보증은 하지 않는다. 그러나 당신의 내부에 아직도 잠재된 '능력'이 있다면 그것을 끌어내는 안내서는 되리라.

TV 광고문 중에 '인간은 언젠가 자기의 한계를 넘을 때가 있다'는 대사가 있지만, 인간은 그야말로 자기의 한계를 넘는 능력을 그 몸안에 간직하고 있는 것이다.

나는 당신이 '초능력'을 SF소설이나 속임수라는 고정 관념으로 보지 않는다면, 어쩌면 당신 자신마저 몰랐던 미지의 능력을 개발시켜 보이게 할 수가 있다.

실천하여 획득한다. 이것이 신비학에 대한 나의 일상적 자세이지만, 나의 실감으로써 인간의 내부에는 아직도 개발을 기다리는 많은 영역이 남겨져 있다고 생각한다.

　확실히 '초능력'이란 것에 대한 부정적 사고방식이 있음은 부인하지 못한다. 그것은 유령이나 마법 등에 대한 '상식적인 견해'와 비슷하다.

　그러나 이 '상식적인 견해'만큼 불확실한 것은 없는 것이다. 예를 들어 당신이 피카소라는 천재적 예술가를 모른다 하고서, 어느 날 정신 분석의로부터 피카소의 대표작인 게르니카가 제시되고,

　"이것은 전형적인 분열증 환자가 그린 그림이죠. 이상한 것을 그리고 있겠죠."
라고 듣는다면 어떻게 할까? 당신은 그때 즉각적으로,

　"아뇨, 이것은 천재적인 감각에 의해 구성된 지극히 높은 예술 작품입니다."
고 반론할 수 있을까? 나에겐 그런 자신이 없다. 이렇듯 '상식적인 견해'란 것은 자기의 신념에 의하지 않는 경우가 많은 것이다.

　그러므로 이제 당신이 일반적, '상식적인 견해'를 뛰어넘어 자기 자신의 손이나 발이나 귀나 눈으로서 '초능력'의 개발에 나선다면, 그곳에 무언가의 기적이 일어나지 않는다고 누구도 말하지 못한다.

　이윽고 '초능력'의 수련법을 몸에 익힌 당신은 세상의 '상식적인 견해'에 대해 그 옛날 길릴레오·갈릴레이나 코페르니쿠스가 외친 것과 똑같은 말을 반복하게 되리라.

　'그래도 지구는 움직이고 있다' 즉 '그래도 그것은 존재한다'고.

　지금 바야흐로 천왕성은 사수좌(射手座)에 입궁하려 하고

세상은 혼미 속에서 모험과 개혁의 시대를 맞게 되리라. 이런 격동의 세계를 씩씩하게 살아가기 위해 나는 꼭 서양 마법의 노른자위인 초능력 개발의 수련법을 실천해 주기 바란다.

  당신은 반드시 오늘의 당신을 초월하여 크나 큰 지복(至福)의 힘을 손에 넣을 수가 있으리라. 나는 이런 의도를 갖고서 이 책을 썼던 것이다.

지은이 씀

초능력과 영능력 ③ 차례

머리말 ——————————————— 7

커리큘럼·1
당신도 초능력자가 될 수 있다 ——————— 15

커리큘럼·2
초능력 개발의 기초훈련 ————————— 26

커리큘럼·3
제6감의 개발 ——————————————— 41

커리큘럼·4
우주와 동화하는 방법 —————————— 47

커리큘럼·5
서양 연금술에 의한 수련법 ———————— 56

커리큘럼·6
마법대의식 ——————————————— 74

커리큘럼·7
당신도 마술사가 될 수 있다 ———————— 81

커리큘럼·8
전례마법 ———————————————— 94

커리큘럼·9
빙의현상 ———————————————— 119

커리큘럼 · 10
실천강령술 ——————————— 139

커리큘럼 · 11
자연마법 ——————————— 151

커리큘럼 · 12
투시술훈련법 ——————————— 169

특별수록
소련의 초능력자들 ——————————— 179

실천 신비학이 밝혀 주는 13가지의 커리큘럼

초능력자 입문

르네 · 뽠 · 다르 · 와타나베

커리큘럼 1
당신도 초능력자가 될 수 있다

파묻혀 있는 힘을 발굴하라

초능력이라 하면 곧 생각나는 것이 한동안 텔레비전에서 화제가 된 율리·게러이리라. 그는 스푼을 만지지 않고 구부리든가 망가진 시계를 텔레비전 전파를 통해 고치든가 했다.
　나아가선 하늘을 나는 원반마저 불러 보였다.
　문제의 진위(眞僞)는 둘째로, 보고 있는 한으로선 대단한 초능력이라고 하겠다.
　그러나 여기서 나는 당신에게 '스푼 구부리기'의 방법을 가르칠 생각은 없다. 어쩌면 이 실천 신비학에 바탕을 둔 레슨 과정에서 당신으로서도 스푼이 구부러질지 모른다. 그러나 그것은 내가 이끌려 하는 행운 획득의 초능력과는 약간 성격을 달리하는 것이라고 미리 말해 두겠다.
　내가 여기서 말하는 초능력이란 스푼을 구부리든가 UFO를 부르든가 하는 능력이 아니다. 내가 말하는 초능력은 당신 자신의 내부에 파묻혀 있는 미지의 힘을 발견하고 그 힘을 십이분 개발하여 현실로 발휘시키는데 있다.
　그러므로 그 능력의 개화(開花)는 여러가지이며 당연히 개인 개인에 따라 특색이 나타나는 것이라고 생각된다.
　당신 자신의 내부에 어떤 힘이 숨겨져 있고, 무엇이 파묻혀 있는지 이제부터 함께 탐험하기로 하자. 반드시 당신의 속에 다이아몬드의 광맥이 잠들어 있을 것이므로.

다이아를 캐내는 작업이라 하면 남아연방의 다이아몬드 왕이라 일컬어진 세실·로드즈(Rhodes, Cecil John ; 1853～1902)의 이야기가 생각난다.

초능력 그 자체와 직접 관계가 없을지 모르지만 하나의 에피소드로 들어주기 바란다.

1871년 남아프리카의 킴버얼리는 다이아 발굴 붐으로 들떠 있었다. 그 중에 겨우 18세인 세실 로드즈도 끼어 있었다.

이윽고 어지간한 다이아몬드 러시도 안개처럼 사라지고 대부분의 채굴사들은 킴버얼리 공구를 떠났다. 그러나 세실 로드즈는 평소부터,

"남이 이제 끝장이다 싶을 때 찬스는 찾아온다."
는 소박한 신념의 소유자여서 사람들이 가버린 광구를 꼼꼼히 파나갔다.

그리하여 마침내 세실 로드즈는 킴버얼리 광구가 발견된 이래의 양질인 다이아 광맥을 찾아내어 금새 억만장자가 되었다.

사람들은 세실 로드즈의 행운을 '그에게만 행운의 여신이 미소를 보인 것은 무엇인가 신비한 힘이 작용된 하나님의 은총'으로써 부러워하거나 칭찬하거나 했지만, 실제 문제로써 그는 별로 하늘의 은총에 기대하고 있던 것은 아니었다.

그는 다만 '그곳에 다이아가 묻혀 있다 하므로 누구보다도 열심히 찾아보았을 뿐…'이었고, '모두 가버려도 남을 결심을 한 것은 아직 무언가 있다 하는 작은 직감이 활동했을뿐…'의 일이었던 것이다.

얼굴을 온통 벌겋게 해가면서 기대에 가슴을 부풀리고 곡괭이를 휘두른 광부들은 스스로의 기대와 긴장에 지치고 한 조각의 다이아를 손에 쥐고 광구를 떠나게 되었지만, 세실 로드즈는 휘파람을 불면서 가벼운 마음으로 산을 파헤치고 있었으므로 별로 지치는 일도 없이 극히 자연스레 다이아의 광맥을 발견했다고 생각된다.

훗날 세실 로드즈의 이름을 딴 로데시아[지금의 짐바브웨]를 경영하기까지 출세했기 때문에 젊은 날의 에피소드는 갖가지로 전해지고 있으나 그 대부분은 입지전의 사람에게 흔히 있기 쉬운 창작이 많다.

그것이야 어쨌든 진짜 다이아를 발굴하는 것도 당신 자신의 내부인 다이아를 파내는 것도 중요한 점은 '무언가 있을 거다'하는 호기심과 '이윽고 발견되겠지'하는 느긋하고 소박한 신념이다.

이와 같은 느긋한 마음으로 우선 해내겠다는 신념만 있다면 세실 로드즈가 아니라도 당신의 다이아, 곧 초능력을 몸에 지니는 일은 결코 불가능이 아니라고 생각된다. 나는 그렇게 확신한다.

자, 그렇다면 이야기를 본 줄거리로 되돌려 초능력 개발의 작업을 계속하자.

한마디로 초능력이라도 스푼 구부리기부터 공중 떠돌기에 이르기까지 그 종류는 여러가지에 이른다.

그러므로 이야기를 순조롭게 진행시키기 위해 초능력의 분류를 시도할까 한다. 초능력은 대체로 다음의 다섯가지로 나눠진다.

(1) 미래 예지능력

(2) 염동(念動)
(3) 자연 치유력
(4) 영혼 이탈
(5) 영감
등이다. 하나씩 해설하겠다.

당신도 미래를 예지할 수 있다

미래 예지 능력이란 문자 그대로 미래의 일을 미리 아는 능력인데, 예지 능력이란 많든 적든 어떠한 생물이든 갖고 있는 기본적 능력이다.

다만 그 능력은 원시적인 생존 본능에 직결되고 있는 것으로서 특별히 후천적인 훈련에 의해 얻어지는 게 아닐 경우가 많다.

예를 들어 비가 내리기 전에 개미는 구멍 입구를 막든가 하는 일이 있지만, 그런 행위는 바로 생존 본능이 시키는 노릇으로서 누가 가르친 것도 아니고 또 자손에게 전해 준다는 것도 아니리라. 어디까지나 본능이 시키는 짓이다.

그런데 '미래에 관해 생각한다'는 능력이 되면, 이것은 거의 인간의 독무대이리라. 이런 '미래'에 관한 대처 방법이 생존 본능에 직결한 것으로만 머무르는가, 미래를 계획적으로 예측하고자 시도하느냐에 따라 다른 생물과 인간은 완전히 구별되고 있는 것이다.

'미래에 관해 생각한다'의 역사는 인류 문명의 시작과 더불어, 인간이 가장 빠른 시대에 직면한 문제였으리라. 아무튼 천후, 기상은 물론이고, 천변 지이(天變地異)나 전쟁, 작황[곡식의], 여행, 무역에 이르기까지 인간은 인간인 까닭에 미래에 관해 생각하지 않으면 안 되었던 것이다.

그러므로 미래 예지라는 분야는 일반적으로 점술(점)과 많은 부분에서 중복된다. 인류 문명 발상지의 대부분에 점술의 흔적이 무언가의 형태로 있음은 인간이 인간이다 하는 증거이며, 결코 우연이 가져다 준 일은 아닌 것이다.

오늘날 우리들이 무심코 넘기는 달력[일력]도 시작을 따진다면 점성학에 바탕을 둔 천체 관측의 산물이고, 미래의 예측을 가장 통계적으로 나타낸 좋은 본보기라고 하겠다.

겨울이 오고서 그 반년 뒤에는 여름이 분명히 온다는 예측을 확실히 할 수 있기 위해서는 얼마만큼의 세월과 노력이 필요했을까.

나는 캘린더를 넘길 적마다 고대인의 미래 예측에 소비한 정열과 노력을 생각하지 않을 수 없다.

인간은 생물에 으레 있기 마련인 예지 능력 외에 미래를 예지하는 기술을 개발하려고 했다. 점술이라 일컬어지는 이 미래 예지의 기술은 민족과 시대, 문화 등에 의해 갖가지 방법이 있지만 크게 나누면 아래와 같다.

① 천체의 운행에 의해 미래를 예지하는 기술.

② 점술용의 특수한 기구를 사용하고 그런 기구에 의해 나타나는 '상(象 : 표적)'을 읽는 기술.

③ 관상·손금·골상(骨相) 등 자연적으로 나타나 있는 것의 통계와 직감력에 의해 판단하고 미래를 결단하는 기술.

④ 일종의 신들린 상태가 되어 초자연적 계시를 받고 미래를 예언하는 기술.

우주의 신비를 연구하는 신비학자(옛그림)

⑤ 제6감이라 일컬어지는 초감각을 개발하여 미래를 예감하는 체질(體質)이 되는 기술.

등을 들 수 있다.

나는 개인적으로는 ①에 속하는 서양 점성술을 연구하고 있지만, 천체의 운행에 의해 미래를 예측하는 이런 점술은 매우 논리적이며 통계적이기 때문에 앞으로 연구에 따라선 '기술'에서 '학문'에의 전개도 가능하리라.

이 책에선 유감스럽게도 점성을 소개하지 않고 있지만 기회가 있다면 서양 점성술의 연구서를 한 번 읽기 바란다. '별점'에 의외로 무시할 수 없다는 사실에 부딪치면고 경탄하지 않을 수 없을 것이다

이 책에서 ⑤에 딸리는 제6감의 개발과 그 방법에 관해 뒤의 장에서 자세히 해설할 계획이다.

염(念)을 축적하고 자기 컨트럴 할것

염동(念動)이란 인간의 염[정신을 하나로 집중함]의 힘에 의해 사물이 초자연적 활동을 하는 것을 말한다. 보통 흔히 쓰는 염력(念力)과 거의 같은 뜻의 낱말이라고 해도 좋다.

'염'이란 인간의 의식과 의지가 응고한 것으로서 즉 '이러고 싶다' '이렇게 되고 싶다', '이렇게 하고 싶다' 등 강한 의지의 힘이 모아져 뭉쳐지고 보통으로선 이해되지 않는 이상한 현상을 일으키는 것이다. 다만 염동이라는 이 현상은 본인의 의지대로 초자연적인 힘으로서 사물이 움직인다고만 단정할 수 없다.

본인의 내부에 무언가의 형태로 '염'이 축적되면, 그것이 본인의 의지와는 상관없이 에네르기로 바뀌어 불가사의하다고 밖에 할 수 없는 일을 일으키는 경우가 있다.

미국에서 자주 발생하는 '폴터가이스트(Polter-geist)' 곧 '장난꾸러기 영', '시끄러운 소리 등을 내는 귀신' 현상 등도 이런 부류에 속하리라.

집안의 가구나 식기 등이 저절로 움직이든가 날아다니든가 하여 사람들을 공포에 빠뜨린다 하는, 얼마 전까지만 하여도 이런 현상에 대해 일반 과학자는 무시해 버렸고, 심령가는 악령 잡령[잡귀]의 짓이라고 생각했었다.

그러나 오늘날에는 이와 같은 불가사의한 에네르기의 축적과 방출은 그 집의 사춘기 아이의 성적인 사고(思考)나 충동 등이 원인이라고 점차로 판명되기에 이르렀다. 아직 100퍼센트 해명 단계는 아니지만 그렇게 믿어지는 논거(論據)는 상당히 있다.

이런 '염'의 힘을 어떻게 자기 컨트럴하고 자유롭게 조종할 수 있는가? 이것을 할 수 있다면 위대한 초능력자라고 할 수가 있으리라. 예로부터 신선도사·마법사·마녀니 하고 일컬어진 사람들은 가혹한 수도로서 이런 능력을 획득했으리라고 믿어진다.

서구로 부터의 보고에 의하면, 정신 긴장이 극도로 높아졌을 경우 주위의 것에 발화(發火) 현상을 보는 소녀가 있다고 한다. 이것도 방위 본능이거나 혹은 성적 에네르기의 순간적인 발작이 가져다 주는 방출 에네르기 현상의 하나라고 하겠다. 그러나 자기 컨트럴은 하지 못하고 있다.

그런데 일본에선 밀교(密教)등의 수도를 한 방사(方士)

중에는 이런 '염'의 힘을 자유롭게 구사하여 '발화 현상'을 일으킬 수 있는 사람이 있다고 한다.

하기야 개벽이래 아직 세사람 뿐이고 현재로선 '기리야마 야스오' 대승정이 그런 술법을 실천했다고 한다. 몇 시간의 기도와 정신 집중의 결과로써 제단에 '염의 불'이 켜지는 것이다.

뭐 성냥이나 라이터가 있다면, 그렇게까지 하여 불을 붙이지 않더라도 괜찮지 않은가 하면 그만이지만, 놀라운 염의 힘에는 틀림없다.

'염'의 힘 중엔 또 한가지 '염사'(念寫)라는 게 있다. 완전 밀봉한 필름이나 음화지에 염의 힘으로 문자나 그림을 찍히게 하는 술법이다. 일본에선 후쿠라이 도모키치(福來友吉) 박사의 연구가 유명하지만, 박사의 기념 박물관에 가면 염사의 실제 예를 볼 수가 있다.

가장 쉬운 방법은 카메라에 필름을 장전하고 렌즈 앞을 검은 종이로 단단히 밀봉한다. 물론, 결코 광선이 들어가지 않도록 렌즈를 엄중히 가린다. 준비가 되었다면 조용히 정신을 통일하고 카메라 렌즈를 이마 중앙에 대고서 염을 모으며, 기합과 함께 셔터를 누르는 것이다.

염이 계속되는 한 필름을 감으면서 셔터를 눌러 보자. 그대로 필름을 현상하면 당신의 염이 무언가의 에네르기로 바뀌어 필름을 감광(感光)시키고 있을시도 모른다. 수퍼·파워 개발의 도입부로서 이 같은 일에 참가한다는 것도 재미있다고 생각된다.

자연 치유력을 개발하여 병을 막자

의학의 진보와 발달은 눈부신 바 있다. 진보적인 의사 중에는 90년대에 암은 죽는 병이 아니게 된다고 큰소리 치는 사람도 있을 정도이다. 그러나 의학의 진보는 환영하지만 의술이 인술(仁術)에서 산술(算術)로 바뀐지도 오래이기 때문에 거기서 발생하는 약해(藥害)나 오진도 꼬리를 문다.

병에 걸리지 않는 게 제일이다. 만일 병에 걸렸다면 되도록 자기의 힘으로 낫는 것보다 좋은 일은 없다. 본래 생물에는 생존 본능과 함께 자연 치유력이 있고, 자연의 이치에 맞게 생명을 보존하게 되어 있다. 현대인은 자칫 생존을 위한 이와 같은 기본 능력을 잊기 쉽다.

그러나 옛날의 도사, 신선이라 일컬어진 사람들은 자기의 생명을 무한이라고는 하지 않더라도 상당히 장기간에 걸쳐 연장시키는 술법에 뛰어났다고 생각된다.

그들은 동양 연금술의 비결인 '선단술'(仙丹術)이라 불리는 불로장수의 비약을 쓰고 있었다는 전설도 있지만 실제로는 음식물, 육체 단련, 명상 등에 의해 세포의 노화를 두드러지게 지연시키는 노력을 하고 있던 것으로 여겨진다.

예를 들어 아더왕에 붙어 있었다고 일컫는 흰 마법사(마법에는 악한 마법과 흑마술과 좋은 마법, 백마술이 있다) 마아린은 싸움에서 부상한 장병의 상처에 손을 대고 무엇인가 주문을 외면, 그 상처는 거짓말처럼 나았다고 한다.

이런 불가사의한 능력은 마법사뿐 아니라 그리스도의 기적을 비롯하여 고금의 성자들 중에서 많이 발견된다. 프랑스의 루르드 샘물은 기적의 성수로써 너무나도 유명하지만, 그 물을 마시고 그 물에 접촉하면 불치라 일컬어진 사람들이 그 자리에서 목발이나 바퀴의자를 버리고서 일어서는 사실이 실제로 현재도 계속된다. 인간에겐 의학으로 아직 해명하지 못하는 자연 치유력이 갖추어져 있는 것이다.

이 책에선 뒤의 장에서 자연 치유력 증강법으로써 '광휘(光輝)의 손'에 관해 설명한다. 당신도 매약에 흠뻑 빠지기 전에 스스로의 힘으로 병을 막고 격퇴하는 일이 가능한 것이다.

영혼 이탈과 제6감에 관해선 장이 거듭됨에 따라 그 실제와 수련법을 해설할 예정이므로 여기선 굳이 말하지 않겠다.

커리큘럼 2
초능력 개발의 기초훈련

먼저 자기의 육체를 확인하라

선천적으로 무언가의 초능력을 갖고 있는 사람이 아닌 한 그런 능력을 개발하고자 한다면, 역시 노력이 필요하다.

그러나 내가 가르치는 방법은 맨발로 숯불 위를 걷든가 추운 겨울에 폭포수를 맞는 것과 같은 고행(苦行)은 아니다. 일반의 사람들이 그렇게까지 하며 초능력을 개발할 필요는 없다고 생각하기 때문이다. 그러한 수도를 통해 얼마간의 신통력을 얻고 싶다면 이는 이미 고승이나 산도사라도 될 수밖에 방법이 없으리라.

초능력이라 하니까 금방이라도 하늘을 날 것처럼 생각되기 쉽지만, 앞에서도 말한 것처럼 본래 초능력이란 내재(內在)하고 있는 능력을 깨어나게 하며, 현재의 능력을 초월하는 파워를 실생활 속에서 발휘시키는데 있다.

예를 들어 백 명의 인간이 있고 99명까지 헤엄을 칠 수 없다고 하자. 또 처음부터 인간은 헤엄칠 수 없는 것이라고 믿는다고 하자.

그때 수영을 할 수 있는 한사람이 성큼 강물에 뛰어들고 두손으로 헤엄치기 시작했다면 어떻게 될까? 99명은 소리없이 감동하고 개중에는 헤엄치고 있는 사람을 신이나 초능력자라고 생각하는 사람도 있게 되리라.

　나중에 헤엄치는 사람이 친절히 수영을 지도하고 전원이 헤엄칠 수 있게 되면 백 명이 모두 일상성을 넘은 초능력을 손에 넣은 것이 된다. 그리고 그 중에서 올림픽 선수라도 나오게 되면 박수 갈채가 나오리라.

　적절한 예는 아니지만 일상에 있어서의 초능력 개발이란 이런 수준에서 시작하면 되는 것이다.

　그런데 초능력을 개발하자면, 그 기반이 되는 육체가 필요하게 된다. 그래서 우선 자기가 어떠한 신체를 갖고 있는지 그것을 확인하는 일부터 시작하자.

　우리들은 평소에 자기의 신체를 차분하게 보는 일이 의외로 적다. 어딘지 부끄러운 느낌이 들어 정시(正視)하기가 힘든 것이다. 그러나 그러고 있다가는 초능력이 깃드는 모체인 자기 자신의 육체를 언제까지라도 확인할 수가 없다.

　독일의 파트·하르츠부르크 부근에 있는 온천 휴양시설인 쿠어·하우스에선 근대적인 건강기기의 도입과 동시에 자기 자신의 육체 재확인이라는 트레이닝을 하고 있다고 한다.

　이제부터 전혀 부끄러워 하지 말고서, 초능력 입문의 시작이라 생각하고 자기 자신을 응시해 주기 바란다. 뭐 어려운 노릇도 아니다. 목욕할 때에 거울 앞에서 부동 자세(차렷자세)가 되어 자기 자신의 신체를 관찰하면 된다. '으음, 내자신이 반할 만 하구나' 라든가 '자기 자신이 황홀해신나'고 느껴진다면 그것은 더 바랄 나위가 없다.

　그러나 좀처럼 그만한 자신의 소유자는 많지 않으리라.

　이렇듯 곰곰이 자기의 신체를 보게 되면 여러가지의 것을 알게 된다. '슬슬 배가 나오기 시작했구나', '신체가 구부러져

있구나' '군살이 많아졌어' '안짱다리인걸' '나이보다 늙었어'
등등 자기와 더불어 살아 온 자기 그 자체인 신체에 대한 감상
이 떠오르리라 생각된다.

　과연 이 얼마쯤 낡은 것처럼 보이는 신체 속에 아직도 개발
할 여지가 남아있는 것일까? 그렇게 정직히 생각하면, 당신에
겐 초능력 획득의 찬스가 있다. 자기 자신을 재확인 하는 기회
를 갖는 일은 당신에게 있어 의의깊은 것이라 할 수 있으리
라.

심신을 정화하고, 목욕하라

　신체의 확인을 했다면 이번에는 심신의 정화(淨化)를 한
다. 알기쉽게 말하면 심신을 세탁하는 것이다. 우리들은 매일의
생활 속에서 좀처럼 자기에게 되돌아 가는 시간을 갖지 못한
다.

　대부분이 차례로 시간 또는 스케줄에 쫓겨 자기 자신의 미래
나 능력에 관해 천천히 생각하는 일이 없다.

　혹은 무언가의 이유로서 미래나 능력에 관해 생각하고 싶지
않다고 조차 생각하는 경우도 있다. 또한 시간이 많은 사람은
있다 해서 다만 무위하게 나날을 보내고 말아, 자기에 관해
생각하는 것을 잊고 있는 일이 많은 것이다.

　그러므로 이 기회에 조금 억지로라도 시간을 쪼개어 자기
자신에 되돌아 가는 것을 '연습'했으면 한다. 초능력의 개발은
첫째도 둘째도 정신 집중에 달려 있지만, 그것을 시작하기
전에 먼저 자기를 되찾는 필요함도 당연한 것이리라.

　자기를 되찾고 심신을 정화하는 데는 몇가지의 방법이 있

다. 여기서 소개하는 것은 그 하나에 지나지 않지만 간단하고 효과가 있으므로 시험해 보기 바란다.

(1) 먼저 하루 휴무를 한다. 물론 휴일을 이용해도 좋다. 그리하여 예정을 일체 개의치 않도록 한다. 완전한 당신 자신의 휴일이다. 365일중 바쁘더라도 그런 휴일은 하루도 낼 수 없다면 당신에겐 처음부터 초능력 개발의 트레이닝에 참가할 수 없다는 것을 증명한다.

그럼, 완전히 하루의 여가를 만들었다면 그날 아침은 6시에 기상한다. 기상했다면 15분부터 30분은 멍하니 있어도 좋다. 기상과 동시에 활발히 움직일 필요는 없다. 다음엔 아침 목욕의 준비를 한다.

너무 뜨겁지 않은 물에 천천히 몸을 담그고 온몸을 씻는다. 이때 자기가 좋아하는 음악 등을 틀어 여유 있는 분위기를 만들어도 좋다.

욕실이 집에 없는 사람은 온몸을 뜨거운 타올로 깨끗히 닦고 그 뒤 마른 수건으로 온몸을 마찰하는 방법이라도 효과는 마찬가지. 되도록이면 날이 잘 개이고 바람도 상쾌한 날이었으면 한다.

지금, 당신은 벌거숭이가 되어 있는 셈인데 부끄러워 해서는 안 된다. 성기(性器)을 유난스레 수치의 대상으로써 가리는 듯한 습관이 생긴 것은 종교적 금욕 사상이 시작이라고 생각되지만, 일상적인 생활이야 어쨌든 마음의 완전 해방을 시도하는 이날의 트레이닝으로서는 굳이 자연아(自然兒)로 돌아가 주기 바란다.

나도 경험한 일이지만, 처음 한동안 태어난 그대로의 모습으로 있다는 것은 웬지 기분상으로 불안정하여 오히려 마음에 긴장이 생기고 역효과인 것처럼 생각되기도 했었다. 그러나 잘 생각해 보면 벌거숭이가 되어 어딘지 불안해지고 갈팡질팡하는 그런 심리 자체가 일상적인 사회 규범의 연장으로서, 아직도 마음에 '갑옷을 입히고' 있는 증거이다.

뭐 그런 모습으로 남과 만난다든가 집밖에 나간다는 것은 아니므로 용기를 내어 자연아로 돌아가자. 얼마쯤 지나면 곧 익숙해질 것이므로, 우리의 가정 상황으로써 집에서 도저히 그런 모습을 할 수가 없다, 하는 당신은 물론 내의를 입어도 상관없다.

다만 그럴 경우는 성기를 중심으로 한 육체에 대한 쓸데없는 수치심을 힘써 마음 속에서 몰아내도록 사념(思念)해 주기 바란다.

요컨대 일상적인 마음의 번거로움 일체를 버리고 이날은 우주와 일체가 된다고 하는 마음가짐이 무엇보다도 중요한 것이다.

(2) 이어 가면(假眠 : 본격적이 아닌 잠)에 들어간다. 마침 목욕을 하고서 다시 한번 가볍게 잔다는 것은 기분상 좋은 것이다.

되도록이면 시트는 갈았으면 한다. 그대로 조금 잠자는 것도 좋고 자리에 누워 있기만 해도 상관없다.

이때 목욕을 하고 나서라도 맥주를 마시든가 신문, 텔레비전을 보아서는 안 된다.

이런 초능력 개발을 위한 기념할 만한 출발의 날은 되도록 일상적인 문명에 접촉하는 것을 최소한으로 줄여야만 할 것이다. 물을 마시는 것은 조금도 지장이 없다.

(3) 1시간쯤 있다가 일어난다. 이미 전날의 피로도 사라지고

몸도 마음도 조금 긴장이 풀려 버려, 좀 나른한 상태가 되어 있다고 생각된다. 그걸로서 좋은 것이다.

완전히 릴럭스하기 위해 굳이 이제까지의 작업을 해왔던 만큼 멍하더라도 크게 좋은 것이다. 여기서 식사를 하게 되는 셈인데 식사는 밥이나 빵이나 상관 없지만 가볍게 들고 결코 만복이 되게끔 먹어서는 안 된다.

식후 1시간은 또 조용히 누워 신체를 휴식시킨다. 이때는 잠자지 않는 편이 좋다. 누워 있기만 한다.

(4) 이미 이 무렵이 되면 해는 높이 올라 있으리라. 오전중의 작업으로서는 여기까지로 충분하다. 이미 당신은 일상적인 감각을 조금씩 잊는 단계에 들어가 있으므로.

이것으로 당신의 육체와 정신은 정화되고 완전히 깨끗해져 소우주 곧 당신 자신의 속에 새로운 힘을 불러 일으키는 여지가 생기는 것이다.

앨키미의 호흡법과 기법 포즈

여기까지 이르렀다면 오후부터의 트레이닝으로써 앨키미(Alchemy : 연금술)의 기본 포즈와 호흡법을 배우자.

앨키미는 인간의 육체와 정신을 납에서 황금으로 바꾸는 기술이지만, 이는 나중에 자세히 풀이하기로 하고 이것에는 먼저 두가지의 호흡법이 있다.

〈제1 호흡법〉

제1 호흡법은 빠른 숨들이마시기, 호흡 정지(5초~7초), 느릿한 숨들이마시기. 이런 순서를 되풀이 하는 호흡법이다.

이 호흡법은 신경을 안정시키는데 효과적이고 앨키미의 포즈에 들어가기 전의 준비로써 빼놓을 수가 없다.

〈제2 호흡법〉

제2 호흡법은 짧고 빠른 숨들이마시기에 이어 호흡 정지 (1초). 그리하여 또다시 빠른 숨들이마시기. 또다시 호흡 정지 (5초~7초). 그리고 느릿하게 연속적인 숨들이마시기. 이와 같은 순서를 반복하는 2단식 호흡이다.

이 호흡법은 명상에 들어가기 전의 정신 안정에 매우 효과적이다. 숙달되면 앉아서 이 호흡법을 행할 뿐으로서 깊은 명상에 들어갈 수가 있다. 스트레스의 해소 등에도 잘 듣고 위장의 활동을 활발히 하는 데도 효과적이다.

호흡법을 할 수 있게 되면 앨키미의 기본 포즈를 두가지 배우기 바란다.

〈연금가마의 포즈〉

연금가마의 포즈는 연금술사가 사용한 연금 가마의 구조를 인체에 응용한 것이다. 연금 가마는 그것 자체가 우주(코스모스)의 구조를 그대로 축소한 소우주(미크로 코스모스)를 형성하며, 완전한 조화의 세계를 창조한다.

이런 포즈에 의해 영성(靈性)과 영혼과 육체를 정화시켜 제5감을 초월한 제6감 개발의 실마리가 끌어내지는 것이다.

이 포즈는 양발을 어깨 폭보다 조금 널찍하게 벌리고서 서고 뒷머리 부분에 양손을 깍지 끼고 가슴을 펴며 발 끝으로 반듯하게 선다.

포즈가 정해지면 제2 호흡법을 3회 반복한다. 그리고 평상

〈그림 1〉 연금 가마의 자세
〈그림 2〉 수은의 자세

호흡에 들어가 3분간 포즈를 취한다. 3분이 지나면 1분 쉬고 다시 3분을 계속한다.

　3분 실시, 1분 휴식을 한 세트로 하여 3세트 연습하기 바란다. 반드시, 아니? 하는 변화가 당신의 내부에서 일어나게 되리라. 지금까지 깨닫지 못한 잠재 능력이 천천히 나타나게 될 것이다.

〈수은의 포즈〉

　수은(水銀)의 포즈는 지금 바야흐로 물같은 수은이 기화(氣化)하려는 순간을 상징한 상태이다.

　수은의 포즈는 균형(평균) 감각을 증대시키고 제2의 두뇌라고 불리는 근본륜(根本輪)의 차크라를 불러 일으키는데 도움이 된다.

　이 포즈는 앞페이지의 그림과 같은 모양으로서 호흡은 제1호흡법을 3회 되풀이 한 뒤 보통의 호흡으로 되돌린다. 다리가 피로하여 균형 감각이 무너졌다면 1분 쉬고서 또 시작하는 것이다.

　근본륜의 차크라가 개화(開花)되면 제6감은 저절로 개발되고 남다른 정신력 및 영적인 초능력이 생긴다.

자기를 코스모스에서 카오스에로 되돌려라

　여기서 코스모스(cosmos : 우주)와 카오스(chaos : 혼돈·무질서)라는 낯설은 말이 등장한다. 잠시 읽어 주기 바란다.

　카오스란 혼돈(混沌)으로 번역되고 있지만, 신비학 분야에선 '혼돈계' 즉 온갖 삼라만상의 요소를 포함한 무질서한 가스체가

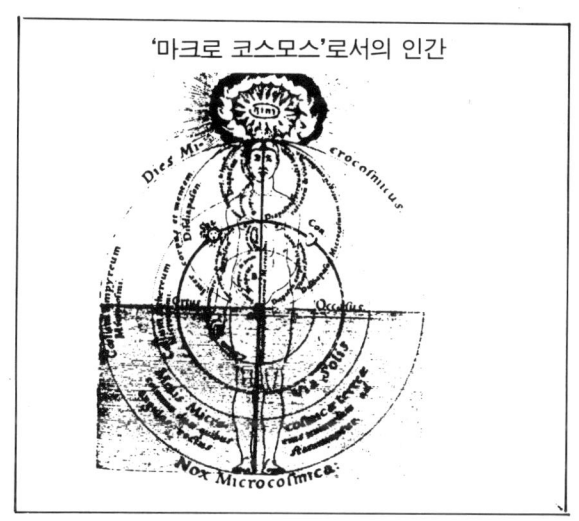

'마크로 코스모스'로서의 인간

소용돌이 치고 있는 상태라고 생각해 주기 바란다.

그것에 대해 코스모스란 이미 알고 있는 것처럼 '우주'를 말한다. 정확히 말하면 질서있는 완성된 '우주'를 의미한다.

처음에 우주, 곧 코스모스는 카오스의 상태였다고 여겨진다. 그것이 점차로 질서있는 운행을 거쳐 몇백억 년인지 헤아릴 수 없는 시간의 경과가 있은 뒤 오늘날의 우주를 형성하게 되었으리라.

나는 지금, 여기서 천문학의 이야기를 할 생각은 없다. 다만 신비학적인 해석에 의하면 코스모스는 만물의 상사형[相似形 : 서로 비슷한 모양]이고 인간은 대우주(코스모스)에 대해 소우주(미크로 코스모스)로써 대비(對比)된다고 여겨진다.

다만 인간의 경우는 소우주라 하기에는 자못 불완전하게 되어 있기 때문에 자칫하면 코스모스와 같은 질서있는 궤도 속에서 운행을 다 하지를 못한다.

그때 그 장소의 상황으로서 궤도는 꽤나 구부러지고 마는 경우가 적지 않은 것이다. 그렇게 되면 운세(運勢)가 어지러워지고 몸의 컨디션도 조화를 이루지 못하는 당연한 이치라고 하겠다.

그러므로 때로는 궤도 수정이 필요하다. 일반적인 궤도 수정이라면 신용할 수 있는 운명 감정가에 의논하는 것도 좋고 심리학자 혹은 라이프·카운셀러에 의논하는 것도 좋다.

그러나 초능력을 개발하고자 할 경우는 너무 의타심을 가져서는 소용이 없다. 역시 자기 자신이 실천하는 일이야말로 중요한 과제인 것이다.

더욱이 궤도 수정 정도의 일로선 약간 부족하다는 것을 이미 이해했으리라고 생각된다. 코스모스의 궤도 수정이 아니고 그것 이전의 카오스에까지 자기를 되돌리며 그곳부터 새로운 코스모스를 다시 형성하는 일, 그것이 초능력을 낳기 위한 열쇠가 되는 것이다.

아침 6시에 기상하여 반나절 멍하니 있었던 것은, 실인즉 무엇을 숨기랴. 일상적인 세계, 곧 당신의 속에서 형성되고 있었던 코스모스를 인위적으로 카오스에 되돌리는 작업이었던 셈이다. 바꿔 말하자면 털벌레가 번데기가 되는 작업을 해왔다고 생각하면 된다.

털벌레는 번데기가 되고 그곳에서 새로운 생명으로서의 나비가 태어난다. 털벌레와 나비로선 같은 생명체의 지속이면서 그 형체와 활동하는 세계는 하늘과 땅만큼의 차이가 있음을 알 수 있으리라.

이런 방정식을 이용하여 내재하는 초능력을 끌어내려 하는 것이 이 책의 시도이다. 털벌레로부터 번데기, 그리하여 나비에

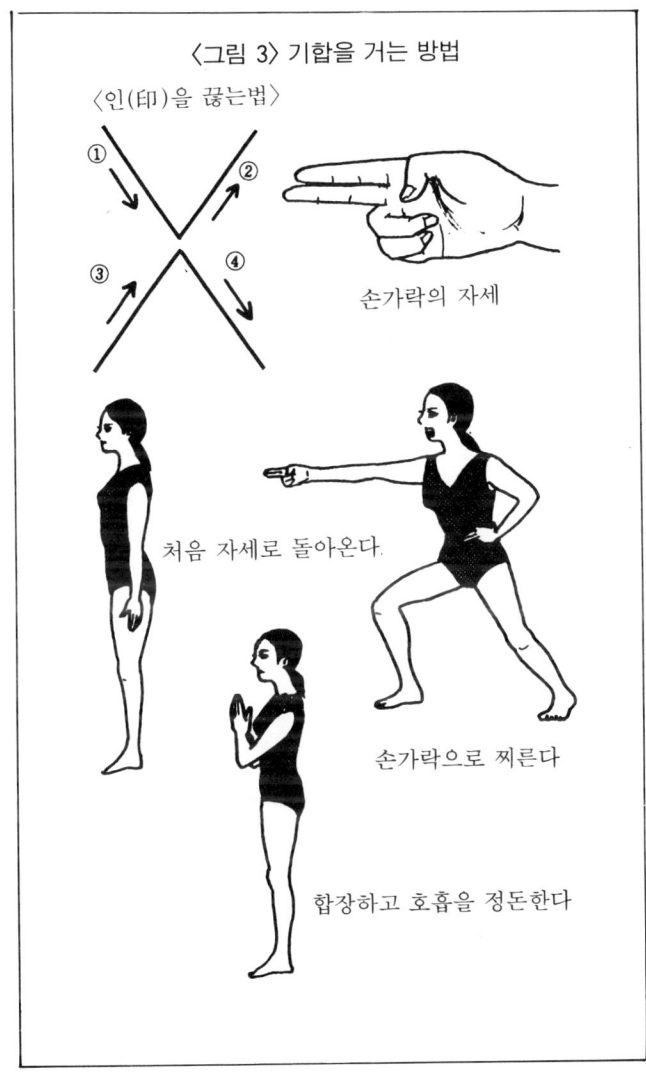

〈그림 3〉 기합을 거는 방법

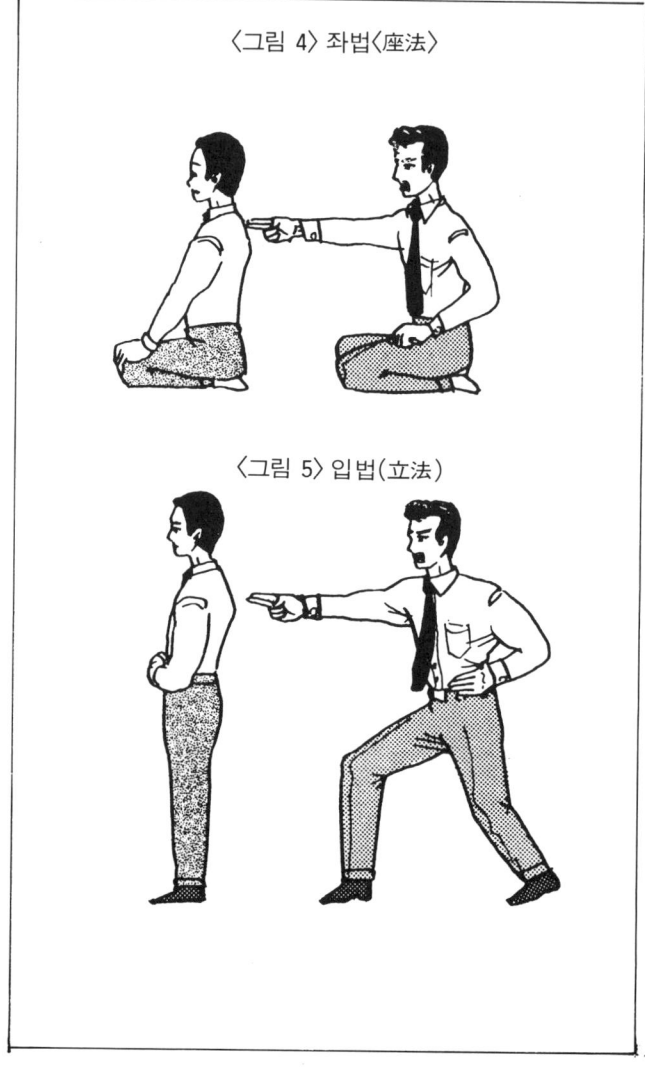

로 변화하는 것은 지금 당신 자신의 결단과 실행에 달려 있다.

 카오스로부터 하나의 목적을 갖인 삶, 즉 코스모스에로 자기를 이끌 경우 그 발단(發端)이 되는 수련법으로서 '발성술'이 있다.

 말하자면 '기합'이다. 서양식의 기합술도 흡기(숨들이마시기)로 발성하는 재미있는 게 있지만, 발성의 발음 자체가 우리들로선 생소하다. 그래서 내가 동양식으로 표현한 방법으로 '기합'을 걸어 주기 바란다.

 옛날부터 '기합'은 마(魔)을 쫓는 술법으로써 알려져 있듯이 진지하게 하면 심신에 청량감을 주고 주위의 분위기를 정화하는데 효과적이다.

 '기합'을 거는 방식은,

 ① 먼저 꼿꼿이 서고 호흡을 조정한다.

 ② 제2 호흡을 3회쯤 하고서 눈을 감고 오른손의 가운데와 집게손가락의 두개를 뻗친 모양으로 만든다(그림 3 우측위).

 ③ 계속해서 눈을 감고 그림에서 제시한 ××의 인[印 : 손가락의 모양, 표적]을 차례로, 손가락으로 허공에 긋는다(그림 3 좌측위).

 ④ 긋고났다면 인(印)이 감은 눈의 어둠 속에 뚜렷이 떠오르게끔 사념한다. 뭣보다 ③④의 작업은 동시에 진행되는 것이 보통이다.

 ⑤ 눈앞에 인이 역력하게 보여 왔다면 ××의 중심을 향해 비단폭을 찢는 기합을 담아 '엿!'하고 손가락을 찌른다(그림 3 우측 가운데).

 ⑥ 주위의 공기는 팽팽하게 긴장되고 심신에 긴장이 달린

다. 충분히 기합의 여운을 마음에 채웠다면 본래의 자세로 되돌아 가고(그림 3 좌측 가운데) 합장하여 호흡을 갖춘다 (그림 3 아래).

이것으로 당신은 일부러 심신의 테를 늦춘 카오스로부터 스스로를 대우주의 운행에 조화시키는 코스모스에의 궤도에 올린 것이 된다.

이 기합술은 카오스로부터 코스모스에의 전환(轉換)을 위한 수련법일 뿐아니라 사념(邪念) 격퇴, 미궁(迷宮) 탈출 등에 효과가 있다. 웬만한 감기 따위는 기합으로 낫든가 한다.

숙달하면 그림 4나 그림 5처럼 하여 주위의 사람에게 기합을 걸어 주자. 머리가 상쾌해지고 운세 호전의 전기가 되므로 기뻐하리라고 생각된다. 기분 전환은 말할 것도 없고 잊어가고 있던 용기가 솟아나리라.

다시 말한다면 5감이라 일컬어지는 모든 감각이 맑아지고 날카로와지며 등뼈가 꼿꼿해져 평소의 자기보다는 몇갑절 기력이 충실한 인간이 된다. 초능력 개발의 처음 단계로선 극히 효과적인 실습이다.

커리큘럼 3

제6감의 개발

제6감이란 5감을 넘은 초상감각(超常感覺)

여기까지 이르는 커리큘럼의 과정에 의해 인간 본래의 고유한 감각 '5감'은 완전하다고는 할 수 없더라도 꽤나 잠이 깨었다고 해도 좋으리라. 그래서 드디어 제6감 즉 초상적(超常的)인 감각의 개발에 들어 가겠다.

그 전에 꼭 알아 둘 일은, 5감이라는 것은 어디까지나 3차원적인 감각이며, 4차원 세계와는 직접 맥락을 함께 하지 않는다는 점이다.

즉 일상적인 얽매임의 감각이 너무 강하다면 제6감은 육성되지 않는다. 5감을 연마하고 또한 단숨에 다른차원 세계로 감각을 떨쳐버리는 것만 같은 일견 우스꽝스런 사념이 요구된다.

일반적으로 제6감이라 하면 퍼뜩 느껴진다든가 감이 잡힌다는 등의 미래 예지 현상을 말한다. 그리하여 제6감에 의한 미래 예지라는 것은 온갖 점술이나 주법(呪法)을 사용치 않고 다만 갑자기 퍼뜩 떠오르는 감각을 총칭하여 그와 같이 부른다.

이것은 수련을 쌓은 무술가 등이 '음, 살기가 있다'고 느끼는 저 감각과도 비슷한 것이다. 예민한 감각이 아직도 보이지 않는 적에 대해 이미 반응하고 있다고 해도 좋다.

5감과 제6감과의 사이에는 이렇듯 불즉불리(不卽不離 : 너무

붙거나 너무 떨어지거나 하지도 않는 상태)한 파동(波動)이 교감되고 있는 것이다.

명상으로 제6감을 연마하라

이미 당신은 커리큘럼·2에서 5감의 개발과 무념 무상이 된다고 하는 개념을 터득했으리라고 생각한다. 그럼, 트레이닝에 들어간다.

먼저 심신 정화를 하여 마음을 안정시킨다. 조용한 환경을 고르고 시간을 들여 집중력을 차츰 높여 간다. 그림과 같은 모양의 좌법(座法)을 사용하여 정신을 통일한다.

호흡은 커리큘럼·2에서 배운 제2 호흡법을 사용하고 이것을 너덧번 되풀이 한 뒤 조용히 명상에 들어간다.

명상에 들어간다는 것은 잡념을 버리고 정신을 한 곳에 집중시키며 이윽고 우주와 일체가 되게끔 스스로를 조화시키는 것이다.

요가의 명상법에선 제5 선골(仙骨) 언저리에 있는 '근본륜'이라 부르는 차크라의 기부(基部 : 바탕부분)에 의식을 집중시켜 쿤달리니라는 영적 에네르기를 발생시킨다.

이런 영적 에네르기가 차례로 차크라를 개발하여 마침내는 초능력을 유발한다고 되어 있다.

이런 명상을 장시간 할 수 있게 되고 또한 우주와 완전히 일체로 동화된 상태가 됨을 이른바 '삼매'(三昧)의 경지라고 한다.

선승(禪僧)이라도 상당히 수도를 하지 않는다면 이런 삼매의 경지에 도달하지 못한다.

내가 지도하는 앨키미의 수련법에서도 명상은 매우 중요하고 또한 진지한 과목으로 되어 있다. 정신을 집중하는 장소는 예로부터 항문·요부(腰部)·신경속(神經束)＝근본륜, 합장한 손끝, 이마 중앙부 등으로 되어 있지만 또한 우주의 천체에서 그것을 구하는 방법도 있다. 여기서 그 방법을 채용하고 싶다.

먼저 마음 속으로 동쪽 하늘에 떠오른 '샛별' 곧 금성을 상상한다. 깨끗한 빛을 내뿜는 길성, 금성의 모습을 사념하고 이것이 이마의 중앙에 있도록 강하게 의식을 집중시킨다.

처음엔 5분쯤부터 시작하여 10분, 15분으로 집중이 지속할 수 있도록 연습한다.

나는 한때 이런 정신 집중을 선 채로 하는 연습을 한 일이 있지만, 몸이 부조화 할 때 빈혈을 일으킨 경험이 있으므로 처음에는 앉아서 하는 좌법이 안전하다고 생각된다.

머리에 금성을 사념하여 정신을 집중시키면 어느 무렵부터인가 금성의 빛이 차츰 크게 펼쳐지고 이윽고 자기 자신의 신체 전체를 싸안듯이 느껴진다.

빛 속에 있는 자기를 느끼게 되는 셈이다. 그리고 그런 빛의 무리(빛의 테)와 더불어 신체가 떠오르는 것처럼 느껴진다. 이 정도까지 도달하면, 초능력이야 어쨌든 제6감은 상당히 개발되었다고 생각해도 좋다.

이런 단계가 되면 이상하니 신경이 과민해져 갖가지의 이상한 소리가 들리든가 이상한 것이 머릿속을 스치든가 한다. 나도 그러했지만,

"오, 이것이 제6감의 징조인가?"

등등 기쁘게 느껴지는게 보통이다. 그런데 유감스럽게도 이것

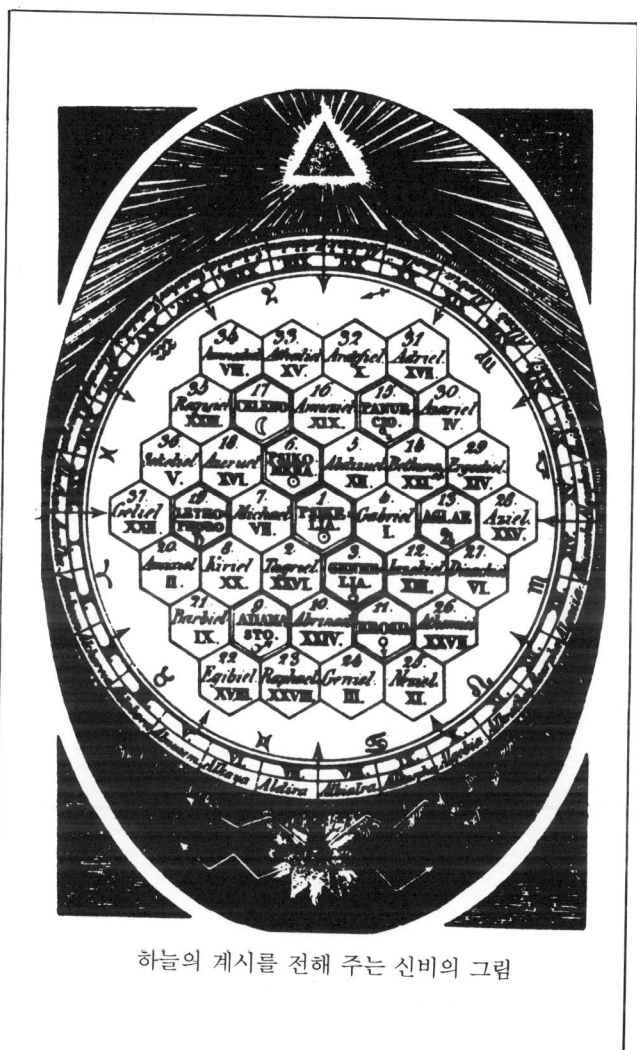

하늘의 계시를 전해 주는 신비의 그림

은 신경 피로에서 오는 환청(幻聽), 환각 따위로서 별로 정상적 제6감의 번뜩임은 아니다. 잘못 알지 않도록 바란다.

심신 정화─명상─휴양─심신 정화─명상─휴양과 같은 식으로 휴양을 취하면서 조금씩 깊은 명상에 들어가도록 하면 좋을 것이다.

개인에 따라 차이가 있는 것이므로 언제부터라고는 할 수 없지만 이런 트레이닝을 쌓아감에 따라 이른바 제6감이라 일컬어지는 것이 착실히 개발된다.

초능력 개발의 초기 훈련으로서는 매우 유효한 것이라고 생각된다. 단 명상의 트레이닝도 다음과 같은 경우는 실시 않는 편이 좋다고 생각한다.

1. 피로가 심하여 체조(體調)가 좋지 않을 때.
2. 정신적으로 불완전하여 이미 환청, 환각 등의 증상이 있을 때.
3. 열이 있을 때, 병으로 입원중이거나 요양중.
4. 배가 부를 때. 명상 연습은 식후 3시간 경부터 시작하는 게 좋다.
5. 오후 10시부터 오전 4시의 사이. 이 시간대는 부정한 영, 잡령 등이 붙기 쉬우므로 초심자는 피하는 게 좋다.

커리큘럼 4
우주와 동화하는 방법

이미지네이션 수련법으로 심신을 개방하라

커리큘럼·2에서 설명했지만, 신비학적인 견지에선 우주는 카오스와 코스모스와의 상호 구조로서 이루어져 있다.

지금 우리들이 살고 있는 지구는 코스모스, 곧 질서있는 완성된 우주 속에 떠 있다. 이런 코스모스 속에서는 모든 것이 상호간에 관련되고 또한 한결같이 상사형(相似形)을 이루고 있다고 생각된다.

우주는 광대무변한 넓이를 갖는 것이므로 물방울 하나 속에서도 똑같게 존재하고 있는 것이다.

여기서 제시한 '우주 만다라'(宇宙曼陀羅)는 우주의 구조를 포착한 신비로운 우주도이다. 이것으로서도 인간 또한 그것 자체가 하나의 우주임을 알 수 있으리라고 생각된다.

이런 이론으로서, 인간은 명상 등의 수련법을 통해 우주와 동화할 수가 있다는 이치가 성립되는 것이다. 이를테면 당신 자신을 고스란히 그대로 우주라고 생각하겠다는 사고빙식이다.

그런데, 인간이 우주(코스모스)에 대해 소우주(미크로 코스모스)임은 이미 설명했다.

그렇다면 그런 코스모스에 미크로 코스모스를 동화시켜

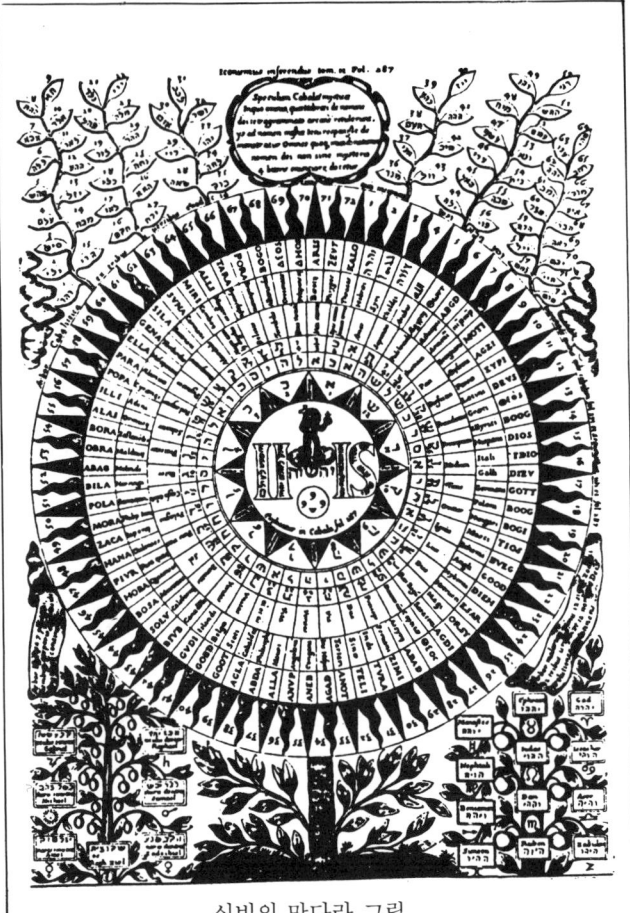

신비의 만다라 그림

보자.

　이 트레이닝의 목적은 마음 속에 웅대한 우주의 넓이를 갖고, 때로는 일상적인 세계를 탈출하여 사념의 확대와 심신의 해방을 꾀하고자 하는 데에 있다. 마음 속에 우주의 넓이를 갖는 것은 초능력 개발에도 필요한 것이다.

　우주의 운행을 마음 속에서 사념하는 것이지만 그것에는 얼마쯤 이미지네이션(상상력)이 필요하다. 다행히도 이 단계까지의 사이에 금성을 사념하는 메디테이션(Meditation : 명상, 고찰)의 연습이 행해지고 있으므로 우주 전체의 이미지네이션을 하는 것도 그리 어려운 것은 아니다.

　다만 갑자기 우주라 하여도 너무나 막연하여 그야말로 종잡을 수 없기 때문에 여기서는 태양계의 우주를 생각하기로 하겠다.

　되도록이면 프톨레마이오스식의 지구중심 우주를 사념해 주는 게 가장 좋지만, 이 우주는 실제의 천문학 우주와는 다르기 때문에 오늘날엔 이화감(異和感)을 갖는 사람이 많다고 생각한다[프톨레마이오스(ptolemaious)는 2세기 경의 알렉산드리아의 천문학자, 지구가 우주의 중심이라는 주장을 했음].

　사념할 때에, 마음 속에 납득할 수 없는 게 있으면 수련법에 있어 가장 방해가 되므로 여기선 학교에서 배운 낯익은 태양계 우주를 떠올리면 된다.

　이미지네이션이란 집중력 강화의 한가지 트레이닝이 되는 것인데, 예를 들어 능금이라면 능금을 떠올리고 그것이 생생하게 눈앞에 있는 것처럼, 향기가 풍기기나 하듯이 박진력을 갖고 보여 오기 까지 집중 사념하는 것이다.

　뭐, 능금뿐이 아니다. 카메라이든 시계이든 무엇이든 자기가 좋아하는 것을 이미지네이션 하면 되는 것이다.

그 방법은 명상할 때에 좌법을 기본으로 하여 마음을 안정시키고 차츰 집중력을 높이며, 자기의 이미지네이션하려는 대상을 단단히 머릿속에 그려나간다.

이런 연습을 반복하고 있으면, 단기간의 집중으로서 갖가지의 대상물이 이미지네이션 할 수 있게 된다.

이와 같은 트레이닝에 의해 높여진 이미지네이션의 능력을 드디어 우주를 향해 활용하기로 한다. 최근은 SF 붐이므로 책이나 영화, 텔레비전 등을 통해 우주의 모습과 접촉하는 일이 많다.

되도록이면 그러한 것 중에서 가능한 한 아름다운 그림이나 포스터를 1매 입수하여 방의 벽에 붙이고, 그것을 보면서 우주를 이미지네이션 하면 효과적이라고 생각한다.

우주를 천천히, 조용히 이미지네이션해 간다. 그러면 이윽고 자기 자신이 광대무변의 공간 속에 있고, 우주와 일체감을 가질 수 있게 되는 것이다.

이미지네이션의 수련법은 이밖에 희망 성취[이루어짐]의 초능력을 불러 일으키는데 도움이 된다. 예를 들어 당신이 꼭 갖고 싶다 생각하는 카메라가 있다고 하자. 그러나 값비싼 것이라 좀처럼 손에 들어오지 않는다. 저금하면 되는 것인데, 그밖에도 돈을 쓸 기회가 많아 저금도 좀처럼 되지 않는다.

이런 때에는 먼저 카메라의 카탈로그를 구하고 탐나는 카메라를 단단히 응시하며 이미지네이션 한다. 눈을 감으면 감은 눈앞의 어두운 공간 속에 원하는 카메라가 보인다.

다시 옆에서 본 모습, 뒤에서 본 모습 등을 단단히 이미지네이션하여 그 카메라가 마치 그곳에 실제로 있는 것처럼 되기까

대우주와 동화된 소우주로서의 인간

지 사념을 모은다.

　이런 연습을 하고 있으면 눈에 띠게 소망의 집약화(集約化)가 이루어져 생각보다 훨씬 빨리 희망은 달성된다. 나의 친구는 이런 방법으로 재색 겸비의 신부를 맞을 수가 있어 싱글벙글하고 있지만, 역시 희망은 높게 갖고 이미지네이션의 수련법을 활용해 주기 바란다. 당신도 마이 홈 등 이미지네이션 하면 어떨까요?

당신도 우주 유영(宇宙遊泳)을 체험할 수 있다

　명상 —— 이미지네이션 —— 우주 동화(同化)로 발전한 이 단계에서, 앉아서 우주 유영(游泳)을 체험할까 한다.
　이런 체험은 그것이 그대로 초능력인 것은 아니지만, 적어도 초상적인 기분을 맛보고 불가사의한 세계를 터득할 수가 있으리라.
　방법으로서는 좌법(座法)그대로라도 좋고 초심자는 벌렁 눕는 자세로 우주 유영에 들어가도 좋다. 여기선 초심자를 위해 벌렁 눕는 방법으로 이야기를 추진하겠다.
　먼저 조용한 장소를 고른다. 되도록이면 자기의 방이 안심할 수 있어 가장 좋지만, 사람의 출입이 많아 안정될 수 없는 곳이라면 달리 그런 장소를 찾도록 한다.
　명상을 방해받는 요소가 적은 장소가 아무래도 필요해진다. 기후가 좋은 때라면 사당이나 절 경내 같은 곳이라도 좋다.
　다만 근처에 묘지가 있는 곳은 피해야 좋으므로, 묘지가 인접한 절 등은 별로 좋을 리가 없다. 평일의 공원 등도 좋고 또한 나의 친구는 도서관에서 연습했다는 이야기도 들었다. 그럴 마음만 있다면 도시 한복판이라도 자기만의 조용한 환경은 얼마든지 발견할 수가 있을 것이다.

어쨌든 당신이 우주 유영으로 길떠나는 조용한 장소를 확정한 것으로 이야기를 진행시키자.

마음을 차분히 진정시키고 정해진 장소에 눕는다. 그러나 인간으로써 잡념이라는 게 늘어붙어 있을 경우가 많아 좀처럼 정신 통일에 들어가지 못하는 일도 있다.

그런 때 나는 잡념을 잡념으로써 그것을 인식하고, 그러고서 그것을 일시 넘겨 두고 우선 지금은 정신 통일의 쪽으로 착수한다는 식으로 생각하고 있다. 이것이라면 잡념과 정신 통일의 작업이 같은 차원에서 맞물리지 않으므로 비교적 스무드하게 통일 작업에 착수할 수 있는 것이다.

조용히 반듯하게 눕고 눈을 감는다. 이미 연습하고 있는 정신 집중, 명상, 우주의 이미지네이션의 순서를 좇아 차츰 우주의 속으로 자기 자신이 들어가는 것처럼 사념해 간다.

당신의 주위엔 무궁한 공간이 펼쳐지고 어둑한 하늘에 숱한 별이 반짝인다. 때로는 유성이 긴 꼬리를 끌며 눈앞을 스치는 것도 보인다.

그렇다, 내내 사념을 강화시켜 나가면 보세요, 당신의 발밑에 반짝이는 모래를 뿌린 것처럼 은하수가 보인다. 이 얼마나 아름다운 세계, 얼마나 웅대한 공간일까! 당신은 지금 우주 속에 떠있는 하나의 별이 되어 조용히 무한한 공간을 운행하고 있는 것이다.

어느덧 당신은 인력에 의해 지구에 묶이고 있다는 감각을 잊고 분명히 자기 자신이 우주 속에 떠돌고 있는 상태를 체험

우주 헤엄을 경험해 보자

할 것이다.

　서구에선 이런 상태가 되는 것을 '트립한다'[trip : 환각상태] 든가 '플라이'(Fly)한다든가 하며, 이런 경지를 체험하기 위해 LSD나 마리화나 같은 약물의 힘을 빌리든가 한다.

　확실히 어떤 유의 약물은 환각 증상이 동반되어, 깊은 명상에서 얻는 것과 똑같은 체험을 지각할 수 있는 것 같다.

　다만 약물에 의한 체험은 지각 작용은 같더라도 정신 집중에 의한 자기 통제(컨트럴)와 심리적 안정이 결여될 염려가 있기 때문에, 그것이 나중에 어떠한 영향을 두고두고 본인에게 주는지 확실치가 않다.

　어쨌든 우리들은 까다로운 약물 따위는 사용치 않더라도 충분히 우주 유영, 이를테면 '트립'을 체험할 수가 있는 것이다. 이것이 능숙해지면 일상의 스트레스가 해소되어 너그럽고 더욱이 얽매임이 없는 마음을 가질 수 있게 된다. 일상적인 다툼이나 번거로운 일 등 '작다, 작다'로 생각되는 것이다.

　나만 하더라도 신선인 것은 아니므로 때로는 감정적이 되기도 하고 타인과 의견의 대립을 보는 일도 있다. 그러나 그런 때에는 반성의 의미를 포함해서 우주 명상을 습관화 하고 있다.

　마음의 얽매임이 차츰 풀려감을 알 수 있고, 신경을 안정시키며 정신의 정화에 도움이 된다는 걸 보증하겠다.

　내가 지도하고 있는 것은 실천 신비학이라는 분야이므로, 어디까지나 실천하는 것을 중요하게 여긴다. 당신도 이해가 되었다면 곧 시작해 주기를 바란다. 초능력이라 일컬어지는 힘은 이러한 트레이닝을 체험함으로써 조금씩 개발되는 것이다.

커리큘럼 5
서양연금술에 의한 수련법

서양연금술이란 만물 변성의 비법

커리큘럼·2에서도 연금술(앨키미)이라는 말이 나왔지만, 낯이 선 독자도 있으리라 생각되므로 여기서 짤막하게 해설하기로 하자.

서양연금술이란 약 1만년~5천년 쯤의 옛날, 아직 그리스도도 태어나기 훨씬 이전부터 전하는 만물 변성(萬物變成)의 비법을 말한다. 서양의 연금술 유래를 말하면 그것만으로서 넉넉히 한 권의 책이 되지만, 간추려 말하면 다음과 같다.

태고라고 일컫는 옛날, 인류가 처음으로 문명이라는 것에 접하기 시작했을 무렵 이 지상에는 때때로 천계로부터 천사가 내려 왔다. 물론, 전설로서 들어주기 바란다.

이윽고 천사들은 지상의 여성과 사랑을 나누게 되고 잠시 지상에서 보냈다.

어느덧 천사들이 천계에 돌아 가게 되자 지상의 여성들에게 사랑의 증거로써 '만물 변성의 비법'을 남겼다고 한다. 그 비전서를 〈케마〉라 했고, 뒷날의 앨키미의 어원(語源)이 되었던 것이다.

그것이 책인지 두루마리인지에 무엇이 씌어 있는지는 오늘날 알 수가 없다.

그러나 〈케마〉에 씌어진 만물 변성의 비법은, 역시 전설상의 인물이고 반신반인(半神半人)이라 일컬어지는 헤르메스토리스메기스토스라는 현자(賢者)에 의해 이 지상에서 완성을 보았다고 한다.

헤르메스토리스메기스토스는 그 비법을 우의화(寓意畵)로써 에메랄드판이라 일컫는 것에 써서 남겼다.

헤르메스토리스메기스토스라는 이 엄청나게 긴 이름은 우리말로 번역하면 '3중의 위대한 헤르메스'라고나 할까.

헤르메스(Hermes)란 알고있을 분도 많다고 생각되지만 그리스 신화에 등장하는 신들의 사자이고 학문과 통상의 수호신이다. 특징있는 깃털이 달린 모자와 구두, 그리고 지팡이를 갖고 있는데 신통력으로 모든 것을 즉시 알게 된다.

헤르메스는 희랍에서 로마에로 계승되고 그곳에선 메르큐리우스, 혹은 머큐리(Mercury)라고 불린다. 어느 편이든간에 학교의 교장(校章)에 그 지팡이가 사용될 정도이므로 현명하기 이를 데 없는 신이리라.

연금술은 이런 헤르메스(혹성으로선 움직임이 빠른 수성에 이 신의 이름과 성격이 부여된다)의 힘에 도움되는 바 크므로 일명 헤르메스학이라고 한다.

이런 신화로부터도 3중으로 위대한 헤르메스라고 불리는 이 연금술의 개조가 얼마나 뛰어난 능력의 현자였는지 상상할 수 있으리라.

헤르메스토리스메기스토스가 연금술의 비법을 완성시켰지만, 이를 후세에 여하히 전할 것인가 마음을 썼다. 왜냐하면 연금술의 비결이 모든 것을 그 성질로서 간직하는 가장 지고(至高)의 존재로 변혁하는 것이고 보면, 누구에게든 함부로

염금술의 시조인 헤르메스토리스메기스토스

가르칠 수 있는 것은 아니기 때문이다.

 예를 들어 연금술의 최고 경지에 도달하면 돌이나 납을 황금으로 바꾸는 일도 그리 어려운 일은 아니게 되는 것이다.

 만일 이런 비법이 품성도 야비한 자의 손에 들어가거나 한다면 그야말로 큰일이다.

 그래서 고대의 현자는 이런 비법을 〈우의화〉 속에 감추었던 것이다. 이것이라면 어떤 수준에 도달한 자로서는 그 뜻을 알지만, 평범인에겐 단지 이상한 그림으로 밖에 보이지 않는다. 이리하여 천사가 가져다 준 비법은 우의화 속에서 잠자게 된다.

 오늘날에는 이집트가 원류가 아닌가 일컬어지고 있는 타롯·카드가 이 연금술의 우의화에 의해 구성되고 있다는 학자도 있다.

 헤르메스토리스메기토스의 노력이 효력을 나타냈는지 혹은 정확히 전승하는 자가 없었는지 고대로부터 중세로 옮길 무렵에는 연금술은 거의 마법, 전설의 따위거나 아니면 시골의 부자를 감쪽같이 속이는 사술(詐術)로서의 존재밖에 되지 않게 되고 말았던 것이다.

 근세로부터 근대에로의 과학 부흥의 시대가 되어도 연금술은 햇빛을 보는 기회가 주어지지 않았다. 과학의 전신이라고까지 일컬어진 연금술이 어째서 과학자들에게 평가되지 않았던 것일까? 그것은 연금술이 5천년을 두고 결쳐 온 고색 창언힌 신비주의적인 색채가 너무도 짙었기 때문이고 여기에 이르기까지 더러운 사기꾼들에게 너무 이용당했기 때문이었으리라.

 겨우 오늘날, 프로이트와 갈라선 심리학자 융 등의 연구에 의해 이 고대의 비법이 새로운 각도에서 연구되고 있다.

즉 베에토벤의 음악을 오실로그래프[전기의 진동기록장치]로 하여 분석하는게 과학적인 해명이라면, 베에토벤을 베에토벤의 음악으로써 감상하고 그 진수(眞髓)에 육박하고자 하는게 최신의 초자연학, 신비학의 자세이다.

굳이 실증주의적, 분석주의인 교조적(教條的) 과학자와는 서로 용납되지 않더라도 도무지 상관이 없다는 사고 방식이다.

일본에 있어서의 초자연학의 시조적 존재였던 후쿠라이 도모기찌 박사도 당시의 완고한 과학자들 때문에 자유로운 연구의 자리를 빼앗기고 그야말로 갈리레오나 코페르니쿠스처럼,

"그래도 지구는 움직인다."

와 같은 심경인 채 실의 속에서 세상을 떠났다. 현대라면 좀더 진보적이고 사고(思考)의 폭이 넓어지고 있으므로 후쿠라 이 박사의 비극은 일어나지 않아도 되었을지 모른다.

절대로 사멸했을 터인 화석어[化石魚 : 화석으로나 발견되는 고대의 고기] 시라칸스마저 남양의 바다를 내노라 하며 헤엄치고 있는 것이다.

절대로 있을 수 없다 하는 등의 말은 실증주의 과학자의 오만이라고 해야만 하리라. 완고하고 정도(精度)가 조잡한 5감으로선 느껴지지 않더라도 연마된 감각에는 감응되는 보이지 않는 현상이 쉴새없이 일어나고 있기 때문이다.

연금술이란 이세상에 존재하는 모든 물질 및 인간의 육체와 정신을 정화하고 변혁하며, 보다 고도인 빛의 위치에 이끄는 비법이라고 기억해 주면 고맙겠다.

천사의 비법 목적은 무엇인가?

연금술의 개요는 이미 설명한대로이다. 그러나 연금술이라 하면 어디까지나 납을 금으로 바꾸어 일확 천금을 꿈꾸는 사악한 마법과도 같은 인상이 있음을 부인하지 못한다. 돈에 눈이 어둔 자끼리 속이든가 속든가 한 긴 역사가 있으므로 이는 부득이한 오명(汚名)일지도 모른다.

아무튼 그것이야 그렇다 하고 연금술의 목적은 정말로 납과 같은 것을 황금으로 바꾸는 마법이었던 것일까? 아무래도 그것은 아니었던 것만 같은 느낌이 든다.

연금술의 발상에 거슬러 올라가 생각해 보자. 천사들이 지상의 여성과 사랑을 나누고 그 증거로써 케마서(書)를 주었다는 이야기는 이미 했다.

천계와 지상을 오고 가는 인간과 똑같은 모습을 가진 '천사'라 불리는 존재를 '우주인'이라고 생각하는 학자도 있다.

오늘날의 천문학자적인 지식에서 추리해 보면, 이 우주에 인간과 같은 고도의 지능을 가진 생물이 있다고 한다면 그 형체는 인간에 가까운 모양을 하고 있을 거라고 추측된다. 그러므로 천사가 UFO의 '우주인'이라 하여도 상관이 없다.

그러므로 여기선 '천사'이든 '우주인'이든 어느 쪽이건 상관이 없다. 어쨌든 하늘에서 날아온 초인이 있고 그것이 만물 변성의 비법을 남자가 아닌 여자에게 주고 있다. 이것이 재미있는 점이다.

대개의 경우 기원 후인 역사상의 지도적, 계몽적 역할은 남성이 담당하고 있는데 대해 앨키미는 여성이 먼저 주역으로써 등장한다.

고대사에 있어서의 여성의 지위와 역할로부터 생각하고 일본의 '히미꼬'의 예 등을 아울러 생각하면 이런 전설도 신빙성을 띠게 된다.

[일본엔 역사책으로서 〈고지끼(故事記)〉와 〈니혼쇼기(日本書記)〉 등이 있지만 내용이 황당무계하고 신빙성이 없어 일본인 학자들도 믿지않을 정도였다. 그런데 에도시대 중기(지금부터 2백여 년 전) 큐슈의 하카타(후쿠오카와 붙어 있음)앞의 섬에서 농민이 밭을 갈다가 금으로 된 도장을 발견했다.

거기엔 분명히 한위노국왕인(漢委奴國王印 : 한나라가 노국의 왕 표적으로 내려주노라)고 새겨져 있었다.

이것이 전후 학자나 작가들의 관심을 끌고 〈히미꼬 붐〉이 일어났던 것이다.

즉 객관적 기록으로써 위서(魏書 : 삼국시대 조조가 세운 나라)·동이전(東夷傳) 왜인(倭人)항목이 있다. ── 왜인은 대방(帶方)의 동남쪽 큰 바다 가운데 있고 산 뿐인 섬에 나라며 읍을 만들며 전에는 백여 나라나 되었다.

한나라 때 조공이 시작되고 지금 서로 내왕이 있는 것은 30국이다. 대방에서 왜국에 가자면 바닷가를 따라 나아가고 한국(韓國)을 거쳐 남으로 가다가 동쪽으로 방향을 바꾸어 왜국의 건너편 기슭 구야한국(김해?)에 이르는데 여기까지 7천 리 남짓이다. 이곳부터 비로소 바다를 건너 천여 리의 곳이 대마국이다.(중략)

왜인의 사내는 귀인도 천민도 얼굴과 몸에 문신을 하고 있다. 이들은 바닷속에 자맥질하여 어패류를 곧잘 잡는데 문신으로 큰 물고기나 바닷새를 위협하여 접근시키지 않는 게 목적이다.

풍속은 결코 음탕하지가 않으며 남자는 모두 갓을 쓰지않고 머리를 땋아 둥글게 매며 무명을 감는다. 의복은 가로 폭이 넓은 것을 몸에 감고 있는데 꿰매지는 않는다.

여자는 머리를 길게 늘어뜨리고 그 끝을 꼬부려 맨다. 의복은 홑옷의 자루옷이고 중앙에 구멍을 뚫었다. 벼, 삼을 심고 누에를 치며 실을 내어 양질의 삼베, 명주를 길쌈한다.

이곳엔 소·말·범·표범·양·까치가 없다. 무기는 창·방패·목궁(木弓)을 쓴다. 목궁은 아래가 짧고 위를 길게 하고 있으며 대나무 화살엔 무쇠 또는 뼈의 활촉이 달렸다.

왜인의 땅은 온난하여 겨울도 여름에도 신선한 채소를 먹고 모두 맨발로 산다. 가옥은 부모, 형제가 따로따로이다. 몸에는 중국인이 흰 분을 바르듯이 빨간 물감을 칠한다. 음식엔 대나무나 나무의 높은 그릇을 쓰고 손으로 움켜 먹는다(중략).

사람들이 경사스런 날에 모일 때의 석순(席順)은 부자 남녀의 구별이 없고 또한 천성이 술을 좋아하여 곧잘 술을 마신다.

공경할 귀인이 나타나도 무릎 꿇고 경례하는 대신 손뼉을 칠 뿐이다. 사람들은 모두 장수하며 8~90세로부터 백살인 자가 있다(배송지의 주로선 왜국에 바른 달력이나 사계절의 구분을 모르고 봄의 밭갈이와 가을의 수확으로 나이를 계산했다고 한다).

그들의 풍습은 일부다처로 귀인은 너덧명, 천민이라도 두셋의 아내를 거느린 자가 있다. 여인은 정숙하여 간음, 투기하는 일이 없다.

왜국도 전에는 남자를 왕으로 삼았는데 8, 90년 계속되는 사이 내란이 일어나고 서로 공격하는 일이 여러 해 계속되었다. 그래서 공동으로 한 여자를 왕으로 세웠고 이를 히미꼬(卑彌呼)라고 존칭했다.
　히미꼬는 무당으로서 사람들을 현혹하는 힘을 가졌다. 남편은 없고 단 한사람 식사를 바치든가 전갈하는 사내가 있어 그녀에게 드나든다 —— 이상이 히미꼬에 대한 붐을 일으켰고 그녀가 다스린 여왕국이 어디냐 하며 일본 전역이 수년을 두고 떠들썩 했다.]
　고대 여성은 자손 창조의 주체로써 또한 여성 특유의 영적 감각으로 영계, 천계와의 연락 통신을 가능케 함으로서 상당히 높은 지위의 시민권을 얻고 있었던 것으로 생각된다.
　이것도 신화에 속하는 것이지만 그리스 신화에 의하면 대신(大神) 제우스가 지배하는 오늘의 질서와 투쟁의 '철(鐵) 시대'의 훨씬 이전에 새투르누스(saturnus : 새턴, 혹성으로선 토성)가 지배한 '황금시대'가 있었다고 한다.
　이 '황금시대'에 인간은 아직 별로 대단한 문명과 문화도 갖고 있지 않았지만, 기후는 온난하여 사철의 꽃과 과일은 지상에 풍부하게 넘쳤고 바다나 강에선 물고기를 손으로 잡을 만큼 많았다고 한다.
　그러므로 사람들은 의식주에 구애받는 일도 없고, 싸울 필요도 없었다. 이 '황금시대'는 참으로 풍부한 시대로서 결혼도 결코 일부일처제라는 게 아니고 남자도 여자도 다부다처제, 누군가를 독점하는 제도는 없었던 것 같다.
　서로 사랑하는 자는 둘이서 즐겁게, 다정 발전형인 자는 남녀가 모두 많은 사랑을 경험했던 것이리라.

태어난 아이는 어머니 가족의 일원으로써 양육되었다고 생각된다.

이런 그야말로 황금시대라고 부르기에 알맞은 자유로운 시대에는 천계로부터 신들이며 천사도 자유롭게 날아오고 있었다고 한다. 어쩌면 연금술의 케마서는 이런 시대 배경 속에서 천사로부터 여성에게 전수된 것이 아닐까?

그렇지가 않다면, 연금술의 참된 목적이 납을 금으로 바꾼다고 하는 따위의 광물 변성의 처방전이라는 것만으로선 납득이 가지 않는다.

그 시대엔 황금 따위는 그 근방에 얼마든지 뒹글고 있으며 그리 귀중한 것으로는 생각하지 않았을 거라고 생각되기 때문이다.

물질적으로 충족되고 있는 곳에 돌멩이를 금으로 바꾸는 처방전 따위를 받은들 지구의 여자가 아니라도 기뻐하지 않는다.

역시 무언가의 이유로 천계에 돌아가야만 했던 천사가 사랑하는 여인과의 이별에 즈음하여 남기고 가는 것으로서는, 그것에 상응하는 배려와 가치가 없다면 안 되었으리라. 연금술의 목적이 광물 변성에 있었던 게 아님은 이걸로서 알게 된다.

그럼 작별에 즈음하여 천사가 건네준 케마서의 참된 목적은 대체 무엇이었을까?

나는 이렇게 추측한다. 천사[혹은 날아온 우수인이라도 좋다]는 무언가의 이유로서 이 지상에 다시 돌아올 수가 없음을 알았을 때, 어떻게든지 사랑하는 사람들과 재회하는 방법은 없을까 생각했다. 그리하여 천사는 자기가 인간에게 접근할 수가 없는 거라면, 인간 쪽부터 자기들에게 접근하는 방법을 연구하여 그것을 사랑하는 여자에게 주었다고 생각하는 편이 납득이 간다.

그렇다, 케마서는 납을 황금으로 바꾸는 처방전이 씌어 있던 게 아니고 인간이 천사에게 동화하는, 인간 변혁의 방법이 기록돼 있었다고 해석하는 편이 정답이라고 생각한다.

사실 유명한 연금술사 파라케루수스[Paracelsus : 1493~1451, 스위스의 철학자. 아인지데르에서 태어남. 의사, 바아젤 대학 최초의 화학교수. 스스로 의학의 루터라고 하며 독일 각지를 유랑하면서 연금술적인 신비주의적 자연 철학에 의거하며 의술의 개혁을 주장했다. 저서로《극미(極微)의 세계》,《경이의 세계》등이 있음]만 하더라도 연금술의 극치에 도달했지만 결코 황금 제조 판매업 따위는 하지 않았으므로.

연금술은 인간이 천사에로 접근, 동화하는 비법이었다 하는 이치는 이것으로 알았으리라고 생각한다. 그렇다면 그 실제의 수련법을 연구해 보자.

자기를 분해하고 재구성하라

초능력의 개발에 관해선 앞의 장에서도 말했지만, 동양에는 요가가 있고, 일본에는 독자적 발달 형태를 갖는 비교(秘教)인 슈겐도[修験道 : 산악종교, 폭포수를 맞는 고행을 하고 산상에 단을 모아 병치료의 기도 등을 함]가 있다.

마찬가지로 서양에도 신비 사상에 바탕을 둔 초능력 개발의 체계가 존재한다. 연금술이 그 주류라고 하겠다.

다만 유감스러운 일은 요가나 밀교(密教)가 종교적 우산아래서 발달한 데 비하여 서양의 연금술은 반대로 신(神)의 집

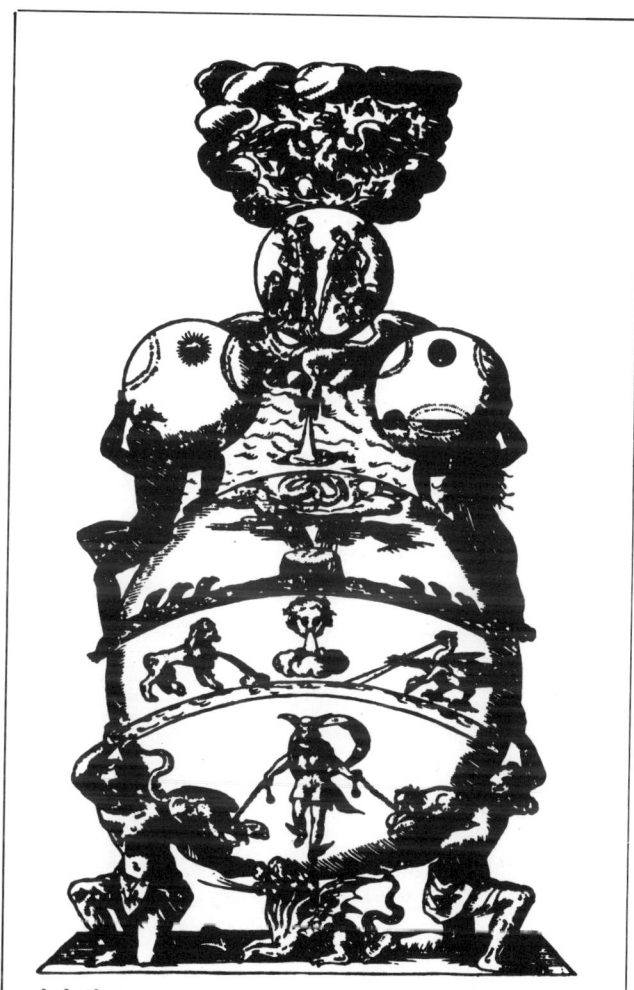

납이 황금으로 변하는 과정을 간접적으로 빗대어 그린 것

밖에 위치하고 있었다. 이를테면 연금술은 반역자의 술법이었고 이단(異端)의 기능이었던 것이다.

본래대로라면 요가보다 낫을지언정 못지 않은 전통적인 천계의 비법이 전해지고 있음에도 불구하고, 서양인들은 굳이 이를 묵살해 왔다.

어쩌면 초능력이 주어질지도 모를 이만한 술법을 왜 신의 집(기독교 사회)은 셔트·아웃했던 것일까?

그러자면, 우리들은 서양의 역사를 알아야 한다. 연금술이 아직 속임수가 아니고 비법이라고 생각되던 시대에, 한편에선 그리스도를 유일신으로 하는 종교가 일어나고 그리스도 자신은 고난과 순교를 통해 개조(開祖)로서의 소임을 마쳤지만 그 뒤 이 종교는 다른 종교와 마찬가지로 정복자(로마인)의 군화와 더불어 유럽 전역에 퍼졌던 것이다.

특히 중세가 되고서 부터는 봉건 영주와의 결속을 강화시켜 봉건제도 유지의 아성이 되었다.

사람들은 농노(農奴)로 바뀌어 무력과 신의 발아래 꿇어 엎드리는 것이 강요되었다. 봉건 영주는 '의지시킨다, 알리지 않는다'라는 체제를 굳게 지켰고, 교회는 '모든 것은 신의 뜻대로' 사는 것을 정의로 삼았다.

이와 같은 체제 속에서는 예사 인간보다 다른 데가 있다든가 하물며 초능력, 투시(透視), 점 등을 보는 자가 있다면 그것은 모두 이단의 무리, 곧 약한 마법사·마녀로써 불태워져 죽고 말았던 것이었다.

이 오랜 박해의 역사가 천사의 기능으로써 전해진 비법을 어느덧 속세의 속임수로 타락시키고 말았던 것이다. 연금술에 정당한 평가를 하고 이 술법이 앞으로의 인류에게 있어 유익한 것이라 하는 완전한 '복권'에는 아직도 상당히 긴 세월과 연구를 기다려야만 하지만, 나는 시간이 있는 한 연구를 계속해 보리라 생각하고 있다.

아무튼 연금술 수련법의 기본은, 그 진리의 말로써 전해지고 있는 '분해하고 재구성하라'하는 한마디 속에 모두 집약된다.

즉 현재의 자기를 한번 분해하여 카오스와 같은 상태로 만들고, 그곳부터 다시 완성된 코스모스를 구성하는 셈이다. 이런 작업을 반복함으로서 인간의 육체와 영혼은 정화되어 활력에 넘치고 이윽고 평안한 영혼은 깨끗한 정령과 만나며 그 인도에 의해 빛의 높은 빛 자리에 도달하는 것이다.

전설적으로 로맨틱한 사고 방식을 갖는다면, 정화된 영혼이 정령과 만나는 그때야말로 지상의 인간이 저 그리운 천사와 재회할 때이고 지극히 높은 사랑으로 맺어질 때이리라.

또한 현실적으로 생각하면 자기의 영혼이 정령과의 접촉을 가질 때 그곳에서 헤아릴 수 없는 초능력이 태어날 것이다.

이것이 서양의 연금술 수련법 기본이다.

이것이 연금술 수련법이다

그렇다면 서양의 연금술 수련법을 풀이하겠다. 어쩌면 당신의 속에서 잠자고 있던 초능력의 씨앗이 이린 드레이닝으로 싹이 틀지도 모른다.

연금술(이하 엘키미라고 쓴다)의 수련법은, 옛날 식에 의하면 소재의 정화—흰 돌의 작업(은의 오브스)—붉은 돌의 작업(금의 오브스)이라는 단계를 거쳐 완성에 이르는 것이다.

이것을 인간에 응용한다면 ①육체의 정화─②물질화─③정신 통일에 의한 영혼과 육체의 조화─④영혼과 정령의 교류라는 단계가 된다.
　이런 하나 하나의 단계를 통과하는 사이에 육체의 강건, 정신력의 증대, 자연 치유력, 직감력, 나아가선 투시력, 염력(念力)등이 개발되는 것이다.
　그럼 트레이닝을 시작하자.
　① 육체의 정화 : 이것은 이미 앞의 장에서 설명했다. 그대로 실행하면 되는 것이다. 청결한 신체를 갖는 것은 기분을 상쾌하게 만들고 수련법에 들어가는 자세가 확립되는 것이다.
　② 물질화 : 이것은 육체와 영혼의 의식적인 분리를 촉진하는 것으로서 자기 자신의 신체를 영혼의 '그릇'이라 생각하고 이를테면 단순한 물질로써 의식하는 수련법이다.
　말하고 보면 뭐야, 할 만큼 간단한 것이지만 실제로 해보면 이것은 꽤나 어렵다.
　나는 영국에서 이러한 신비적인 것을 좋아하는 동료와 함께 있었을 무렵, 처음으로 이 트레이닝에 참가했다. 초가을 무렵이었다고 기억된다.
　친구의 방 벽을 등지고 넷이 꼿꼿하게 서고서 자기는 지금 인간이라는 영혼이 있는 존재가 아니고 이 방에 있는 전기 스탠드와 같은 것이라고 생각하기로 했다.
　그러나 불과 3분도 지나기 전에 잡념이 갖가지로 떠올라서 좀처럼 물질화 할 수가 없다. 5분쯤 되자 물질화 하는 것을 사념하고 있는지 무엇을 하고 있는지 도무지 알 수 없게 되고 말았다.
　이래 갖고서는 아무런 의미가 없다 생각하고서 10분쯤 시도

한 뒤 이번에는 각자 자기 나름의 편한 자세로 물질화에의 사념을 연습했다.

이것도 졸립든가 하여 좀처럼 잘 되지 않는다. 그러나 그와 같은 시행착오를 되풀이 하는 사이에 차츰 순순한 심정으로 물질화 한다는 것을 할 수 있게 되었다.

아무튼 개인차가 있는 것이라서 언제부터 그렇게 된다고 말하기는 어렵지만, 나의 경우는 검은 천으로 눈가림을 한다는 방법이 초기 단계에선 잘 되었다.

영혼과 육체의 분리 방법은 나중에 나올 '마법 의식'에서도 언급하고 있으므로 그것을 참고하면서 각자 연구와 연습을 계속하기 바란다.

그럭저럭 자기의 신체가 물질화 되었다는 개념이 생기면, 다음으로 나아가자.

③ **영혼의 도입(導入)** : 이는 물질화 된 육체에 영혼을 불러들이는 작업이다. 알기쉽게 말하면 프랑켄시타인의 괴물에 생명을 불어넣는 작업이다.

조용히 명상을 하면서 느릿하게 호흡하고 영혼이 물질화된 신체에 들어오게끔 사념한다. 생각하는 것보다 실제로 해보는 쪽이 알기 쉽다. 영혼이 스르르 신체에 들어온다는 감각은 기분이 좋은 법이다.

이런 연습을 하루에 1회정도(몇 번이고 해서는 안 되며 처음에는 15분 이상 계속 않는 편이 좋다) 연습하게 되면, 영혼의 드나듬이 수므드하게 이루어진다. 하기야 이는 의식문제로서 혼백이 드나드는 게 실제로 보이는 것은 아니다.

④ **정령과의 만남** : 영혼의 도입이나 이탈이 잘 되게 되었다면 더욱 깊은 명상에 들어가도록 연습한다. 이것은 약간 시간과

훈련이 소요되므로, 밀교의 수법(修法 : 사념이나 주문 등이 따른 행동 자체를 가리킴)을 전반적으로 문장으로 표현할 수 없는 것과 마찬가지로 여기선 설명할 수 없다.

밀교는 불교의 일파로서 유럽이나 인도에선 탄트라(tantra)라고 한다. 그 정의는 매우 어렵고 일반적 불교보다 원시적, 주술적(呪術的) 종교라고 흔히 생각된다.

티벳과 일본에서 성행되고 있고 원류는 같다 해도 방법은 다르다. 근본 사상은 '대자연과 합일(合一)한다'는 것이고 구체적 표현 방식은 요가(yoga)로서 대표적인 것이다.

또한 선(禪)에서 중요시하는 선정(禪定)도 원래는 요가의 일종이다.

일본에선 이것이 진언종(眞言宗)으로 발달하고 그 주요 의식은 수도자가 '호마(護摩)를 불사른다'하여, 제물을 제단에서 불살라 국가의 평화와 병자의 완쾌 등을 하늘에 빌고 있다. 이밖에 관정(灌頂 : 물을 신자의 머리에 끼얹어줌), 만다라가 있다. 만다라는 대장계와 금강계의 두가지가 있는데, 특히 후자를 중시한다.

그 경문으로선「대일경」과「금강정경」이 있고 의식을 중시하는데, 예컨대 신구의(身口意)를 삼밀(三密)이라 한다. 즉 몸으로 갖가지의 인(印)을 만들고 입으로는 진언(주문)을 외우며 마음은 삼지지에 주(住)한다고 마음을 오로지 집중한다는 게 삼밀이다].

다만 이러한 연습을 계속하고 있으면 어느날 갑자기 신체의 모든 부분이 화끈하듯이 뜨거워지고 눈 앞이 강한 빛으로 번쩍하며 희어지는 것을 느낀다. 그리하여 기분상 어쩐지 마음이 떠오르는 것만 같은 느낌이 든다.

이때 영혼은 더욱 상층부에 있는 정결한 정령과 만났다고 생각한다. 이런 날 경부터 자기의 일생에 관한 깨달음이 어렴풋하게 열려 오고 제6감이 아주 예민하게 활동한다.

이것이 서양의 연금술의 영·혼·몸의 일치 수련법 기본인데 여기에 이르기까지는 상당한 노력이 필요하리라.

다만 진지하게 이런 연습을 계속하면 영감 체질, 예감 지각 체질, 오러(aura : 영기)를 볼 수 있으며, 텔레파시·사이코미트리(Psychometry : 신비력)·강령(강신)·제령(붙은 영을 제거함) 등 불가사의한 초능력이 양성될 가능성이 크다. 꼭 한번 시험삼아 해보시는 게 어떻겠습니까?

특히 수험이나 취직 시험을 앞두고 있는 당신에겐 특히 효과적이고, 언제나 행운을 놓치고마는 체질이나 징징 울어가며 군걱정만 하고 있는 당신에겐 근본부터의 체질 개선에 도움이 될 것이므로.

기본적인 앨키미의 수련법을 배웠다면 드디어 옛부터 '마법'이라고 불리우든 초능력의 세계로 들어가자.

커리큘럼 6
마법 대의식(魔法大儀式)

마법이란 마음에 고차원의 변혁을 일으키는 술법

'나는 돌연, 그리하여 마침내 그것이 시작했음을 느꼈다. 나의 몸뚱이는 완전히 허공에 떠오르고 자기가 차츰 우주의 별 하나가 됨을 알았다. 발아래서 은하수가 졸졸 소리를 내며 흐르고 별똥별이 긴 꼬리를 끌며 좌우로 날고 있다.

나의 마음은 대우주에 방사되고 그리하여 광대무변의 이 세계와 완전히 조화된다.

나의 마음과 몸뚱이는 아침 놀의 하늘에서 춤추는 비둘기처럼 가뿐한 것이 아름답고 무엇보다도 자유로웠다. 이 뭣으로도 바꿀 수 없는 마음의 평화와 솟아나는 새로운 힘을 얻은 나는, 지금 마술사와의 만남을 감사하고 있다.

이미 나는 비오는 밤의 길가에서 흠뻑 젖어 울고 있는 새끼 고양이도 아니고 하물며 고뇌의 무게에 견디다 못해 스스로를 소멸시키고자 손목에 면도칼을 긋는 옛날의 소녀가 아니다.

나는 대우주의 힘을 소우주로서의 자기 속에 깊이 흡수하고, 지금 별과의 대화를 나누게 되었다.

나에게 있어 마법은 끝없는 생명의 샘이고 무한한 힘의 상징이다.

이것은 절망의 구렁텅이에서 마술사와 만나고 마법의 레슨을 받은 한 소녀의 편지이다.

나는 마법이라고 불리는 인류와 함께 태어나고 걸어 온 보이지 않는 불가사의한 힘이 당신을 미래의 광명 세계로 이끈다고 믿는다.

마법 ── 이 낱말에서 오는 이미지는 사람에 따라 여러가지라고 생각한다. 그러나 일반적으로 마법이라 하면 오즈의 마법사나 아라비안 나이트의 마법 등을 머리에 떠올리는게 아닐까. 마녀만 하더라도 당신에겐 낯익은 것은 백설공주나 헨델과 그레테르를 구박하는 빗자루를 타고 다니는 마녀라는 것이 될지도 모른다. 이러한 이미지의 세계에 관한 한 마법이나 마법사는 신비적이고 환상적인 부분에서만 살고 있다고 생각된다.

하지만 내가 이제부터 이야기 하려는 '마법'은 달밤의 하늘을 빗자루를 타고 날겠다는 로맨스 일변도의 이야기는 아니다.

언제부터 '마법·마술'이 '요술·홀림수'와 동의어(同義語)로써 사용되기 시작했는지는 모르지만, 그 표면에 나타나는 경탄할 초상 현상을 제외하고서 본래의 마법과 요술은 크게 다른 분야에 속하는 사항인 것이다.

나는 여기서 내 이야기를 통해 당신이 마법에 대한 개념을 조금이라도 정확한 방향으로 돌려 주면 다행이라고 생각한다.

마법이란 어디까지나 자기 의식의 힘에 의해 자기의 마음에 고차원의 변혁을 일으키는 술법이고, 그 변성된 고차원 에네르기에 의해 우주의 힘과 조화하려는 도술(道術)인 것이다.

천국과 지옥의 창조

 천국과 지옥의 광경이 양(洋)의 동서를 불문하고 그렇듯 선명하게 묘사된 것은 언제부터일까?
 특히 지옥의 양상에 관해선 단테의 지옥 순례나 지옥 그림책에서 볼 수 있듯 피비린내를 풍겨 가며 우리들에게 육박한다. '그런 그림이 보여지고 또한 몇 차례 그런 이야기를 듣게 된 후, 지옥의 존재를 완전히 믿게 된 사람들이 살던 시대는 아마도 범죄 역시 적었으리라'는 의견이 나타나는 것도 이해되고도 남음이 있다.
 확실히 천국과 지옥이 종교의 윤리로써 사람들을 완전히 지배한 시대가 있고, 그 시대에선 천국과 지옥은 사람들의 마음 속에 의심할 데 없는 실상으로써 살아 있었던 것이다. 개미 한마리를 죽여도 그것이 고의로 그런 것이라면 가야 할 지옥이 엄격히 정해져 있었으므로, 범죄도 자연히 멸망했을 것이다.
 그러면 종교가 발생했던 당시 그 개조라고 일컫는 사람들은 그토록 선명한 지옥을 마음에 그리고 있었던 것일까? 천국과 지옥, 선과 악이라는 원시적 이원론의 전개로써 그것이 개조들의 마음에 깃들어 있었을지도 모른다.
 다만 그것은 어디까지나 논리적인 발상의 산물로서 정확한 형태는 이루어져 있지 않았다고 생각한다.
 그럼 누가 민중에게 그토록 확고하게 천국과 지옥의 이미지를 주었을까. 혹은 줄 필요가 있었을까?

나는 여기서 종교론을 펼 생각은 없지만 이런 물음에 대한 대답은 준비하고 있다. 즉 천국과 지옥은 언제부터인지 종교적 윤리의 그늘에 숨은 민중 지배의 도구로써 창조되고 활용된데 지나지 않는다는 것이다.

천국과 지옥이 선명한 이미지와 치밀하고 교묘한 조직에 의해 완전한 모습을 사람들 앞에 나타냈을 때 신은 이미 민중의 하나 하나에 호소하는 것을 그만 두었다.

지옥의 업화(業火)를 두려워 하고 항상 죄의식에 떠는 것은 유원지의 구경거리인 공룡에 비명을 지르는 다름아닌 저 선량한 민중들이다.

지옥을 창조한 사람들은 민중보다도 더 지옥을 믿는 척하며 가장한다. 누군지 시나리오를 쓴 것도 아니리라. 그것은 사람이 사람을 지배하는 오랜 시대가 자연스럽게 만들어 낸 대연극인 것이다.

지옥을 창조한 사람들은 지옥을 믿지 않음이 당연한 일이다. 하물며 천국 따위는 처음부터 그림의 떡이라고 생각하고 있다. 그들에게 있어선 이세상이야말로 천국이기 때문이다.

지옥의 존재는 범죄를 감소시켰을까? 아니 그것은 오히려 지옥에 정말로 떨어질 죄를 태연히 범할 수 있는 사람들을 탄생시켰던 것이 아닐까.

어느 시대이고 계율은 아래는 무겁고 위는 가볍다. 그러므로 지옥이 정말로 있다면 그곳에선 형을 매기는 기준이 꽤나 달라졌으리라.

하기야 지옥을 창조한 사람들은 자기의 가야 할 지옥을 갖고 있지 않으므로 아무런 걱정도 없을테지만.

중세 봉건 영주의 성이나 농장이 딸린 승원, 그리고 또한 포도주 양조로 수입이 좋았던 수도원 내부에서 대체 무엇이 실행되고 있었는가?

그것을 생각하면 서민들 거리의 도둑질 따위는 하찮은 죄인 것이다.

자기들에게 향할 듯 싶은 불만이 높아지면 누군가를 마녀로 조작하면 된다. 페스트도 세금도 천재(天災)도 모두 마녀에게 뒤집어 씌우면 될 일이었다.

광장의 처형대에서 불타오르는 마녀의 비명을 듣기만 하면 민중은 무엇이든 납득하기 마련인 것이다. 언제나 두려워 하든가 춤추든가 하는 것은 진지하고 온순한 사람들이다.

하지만 조작된 지옥을 두려워 하지도 않고 하물며 춤출 필요도 없이 태연히 처형대에서 불타는 지옥의 업화를 응시할 수 있는 사람들이 엄연히 존재한다.

그런데 여기, 이세상의 지옥 광경을 역시 냉담한 눈초리로 바라보고 있는 또 하나의 사내가 있었다. 그는 천국과 지옥이 어떻게 만들어지고 어떻게 운영되고 있는가를 알고 있었다. 다만 그는 지옥과 천국의 창조자에 결코 편드는 일이 없었고 또한 화형장 주위에서 광신적 박수를 보내지도 않았다.

이런 사내를 사람들은 '마술사'라고 불렀다. 그렇다, 당시의 진짜 마술사란 지배자와 민중이 반복하는 광란의 소용돌이를 벗어나 그대로 우자(愚者)의 낙원을 떠난 인간을 가리킨다.

여러분도 낯익은 타로트·카드의 중에 '0'이라는 번호의 패가 있다. 번호패의 호칭은 '우자'라 하며, 자루를 막대 끝에 꿰어 어깨에 메고 있는 나그네 어릿광대의 모습이 그림으로 그려져 있다.

그에겐 어제도 오늘도 없고 그리하여 또한 내일도 없다.

다만 오로지 영원이라 생각되는 광야를 걸어가는 것이다.

사람들은 그런 모습을 바라보고 '바보' 혹은 '천치'라고 불렀다. 마을에 접근하면 개가 짖어대고 그의 바지 가랑이를 물어 뜯으리라.

그러나 그 사나이는 그런 것은 아랑곳도 하지 않고 담담하게 마을을 지나간다. 때때로 사람들은 사내가 메고 있는 자루안의 것을 궁금하게 여긴다. 어떤 자는 쓸데없는 잡동사니가 들어 있다 했고, 어떤 자는 어딘가에서 발견한 금화가 가득 들어 있다고 했다.

또 어떤 자는 웃으면서 납을 금으로 바꾸는 약이 들어 있다고도 했다.

그러나 그 대답은 어느 것이나 맞지를 않는다. 비록 사람이 그 안을 들여다 보아도 아마 영원히 아무것도 발견하지 못하리라.

왜냐하면 사내가 메고 있는 자루 속은 비워 있기 때문이다. 다만 허무한 그 자루 속에는 눈에 보이지 않는 나그네의 단 하나인 보물이 들어 있다. 그것은 '잃어버린 진실'이라 하는 이세상에 있어서의 '0'의 상징이다.

우자라고 불리는 사내의 나그네 길은 계속된다.

어떤 타로트 카드에는 우자가 벼랑을 향해 기쁜 얼굴로 걸어가고 있다. 그렇다, 사람들의 소용돌이를 빠져나와 영원한 나그네 길로 나선 사내의 운명은 결코 밝은 것은 아니리라.

이세상에서 알고서인지 모르고서인지 '잃어버린 진실'을 메는 나그네의 한치 앞은 캄캄한 어둠이다.

사람들로부터 보면 나그네는 그 여행하는 '행위'에 의해 어리석고 신(우주)에서 보면 아직껏 '얻지못함'으로서 어리석은 존재인 것이다. 우자의 나그네 길 곧 마술사의 나그네 길은 이렇게 계속되는 것이다.

타로트 카드의 '1'이라는 패는 '마술사'라고 불린다.

그러나 이 번호패의 '마술사'는 이 세상을 노리개로 삼는 사내이고 참다운 '마술사'의 자세와는 거리가 멀다.

타로트 카드의 마술사는 광범한 지식과 숙련된 속임수를 갖고서 세상의 온갖 계층의 사람들을 교묘히 조정하려 하는 인물이다.

마술사 곧 세상의 눈을 흘리게 하는 요술사야말로 당신의 가장 가까운 곳에 있고 가장 그럴듯한 이야기를 하는 인물이다.

만일 당신이 마술사라는 것에 대해 지금까지와 같은 세상 일반의 선입관을 갖고 있다고 한다면, 이 기회에 꼭 두 눈을 똑바로 뜨고 진위를 판별해 주기 바란다. 적어도 타로트 카드로서 예를 든다면 우자는 우자가 아니고 마술사는 마술사가 아닌 것이다.

커리큘럼 7
당신도 마술사가 될 수 있다

마술사는 늘 무(無)속에 있다

마술사가 요술장이나 기술사가 아님은 이미 말했다. 마술사가 지향하는 미래에 관해 설명했다. 그래서 나는 이제부터 드디어 마술사 곧, '싸우는 흰 마술사'에의 길로 당신을 안내하겠다.

비록 마법이나 인간 연금술(Life Alchemy)에 관해 깊이는 모르더라도 당신은 충분히 마술사, 이를테면 전세계의 조화를 지향하는 우수한 자기 개혁자가 될 수 있는 요소를 가졌다.

그런데 이세상이 무상(無常)임은 《헤이께 모노가다리》(平家物語:일본의 고전, 권력의 무상을 쓴 역사이야기)의 첫머리를 떠올릴 것도 없이 누구라도 인식하는 사실이다. 사람은 단 혼자서 광명 속에 벌거숭이로 오고 또 단 혼자서 벌거숭이가 되어 어둠 속에로 떠난다.

비록 과학이 아무리 진보하더라도 인간을 영원히 살리는 '불로약'은 아직도 당분간은 생길 것 같지 않다. 그렇다면 사람은 그 '삶'이 있는 동안 자기 한계의 영역을 넓힐 수 밖에 도리가 없다.

그 한계의 영역을 무엇으로 채우는가, 그것이 당연히 문제가 된다. 일반적으로 한계의 영역은 욕망의 척도로 대체되지만 물질욕, 명예욕, 지식욕 등 여러가지가 있으리라. 그러나 어느 것이든 단 혼자 벌거숭이가 되어 어둠으로 사라질 때에는 모든 게 허무하다.

이 세상의 삶과 죽음을 잇는 것은 그것이 어떠한 형태이든 욕망에서 비롯되는 것이라면, 잠깐 동안의 '유'(有)일뿐 실체는 '무'(無)나 같다. 종교가 태어나는 토양은 여기에 있다.

다만 종교가 앞에서 말했던 것처럼 참된 신불(神佛)의 사랑을 전하는 본래의 뜻을 망각하고 부질없이 교회나 사찰의 허식에 서로 경쟁하는 오늘날의 상황을 볼 때 현대인의 마음은 그 의지할 바를 잃을 밖에 없다.

교회가 노인의 집합소로 바뀌고 사찰은 장의사의 부속물로 바뀌고 있음도 사실이다. 그러면 약한 인간으로서 무엇에 마음의 의지처를 구하고 무엇을 목표로 살아가야만 하는가.

'유'라고 생각하면 사실이 허무하고, '무'라고 생각하면 마음이 허무하다.

그래서 마술사는 고금의 진리인 '인간본래 무일물(人間本來無一物)'이라는 입장에 서서 인간 한계의 영역을 넓히고자 시도하는 것이다.

빌딩의 옥상에 올라가 보면 눈아래 끝없이 펼쳐진, 그러나 한계가 있는 '유'의 양상이 기와지붕을 잇대며 이어져 있다. 그러나 위를 우러르면 아득하게 끝이 없는 부드러움을 간직한 대우주가 펼쳐져 있음을 알게 되리라.

고대의 마술사는 순수 천문학으로써 별을 관측함과 동시에 헤아릴 수 없는 위대한 '무'의 세계로서의 우주에서 마음의 의지처를 찾으려고 했다. 인류 문명의 발상지에서 어디고 점성술 발생의 흔적을 보게 됨은 그 증거이다.

마술사는 항상 '무' 속에 있다. 그런 '무'의 자세는 결코 대각대오(大覺大悟)한 허무의 마음을 의지처로 삼는 게 아니다. 어디까지나 위대한 '무'인 우주와 호흡을 맞추고 그런 '무'의 속에서 마음의 조화와 끝없는 에네르기를 얻으려 하는 것이다.
　그리고 그런 우주와의 대화를 현실 속에서 활용함으로서 욕망에 의한 한계의 영역을 초월하고 깨끗한 정령의 세계에 접근하고자 마음을 격려하는 것이다. 마술사는 그러기 위해 스스로를 단련하고 스스로를 시험하는 것이다.
　만일 마술사가 일반의 사람들보다 얼마쯤이나마 초월한 능력을 갖는다고 하면, 그것은 마술사 태생의 것은 아니고 대부분은 엄격한 수련과 우주와의 대화에 의한 '무'의 발견에 의해 스스로 획득한 힘이라고 하겠다.
　'무'와의 대화는 역시 트레이닝 중에서 행해진다. 그 실제를 다음에 설명하자.

'무'를 지각하기 위한 엑서사이즈

　마술사의 훈련은 먼저 '무'를 지각하는 데서 시작된다. 그 방법으로서는 목욕·단식·묵상 등을 들 수 있다. 연속적으로 이같은 엑서사이즈는 정신 수양의 모든 과정에서 실행되고 있는 것이다. 양의 동서를 불문하고 에로부터 행해지고 있는 이 엑서사이즈는 인간 본래의 마음에 알맞고 더욱이 가장 보편적이며 누구라도 곧 익숙해지는 방법이다.
　이와 같은 훈련은 물론 널찍하고도 자연의 풍부한 환경 속에서 행해지는게 바람직하다. 그러나 우리들은 '수도승'의 행자

(도사)처럼 정해진 영산에 들어갈 필요를 느끼지 않는다.
 왜냐하면 마술사는 어떠한 종파에도 속하는 일 없이 수도를 할 수가 있기 때문이다. 동시에 마술사를 지향하는 수도는 어떠한 종파에 속해 있어도 가능하다.
 까닭인즉 본래 신불의 은혜는 종파에 의거하지 않는 데에 있고, 그 교의는 달라도 인간을 이끌고 비추는 진리의 빛은 단 하나로 돌아간다고 생각되기 때문이다.
 신불의 마음은 인간을 광명 아래서 교화하는데 있는 것이지, 결코 복종하지 않는 자를 벌하든가 하지는 않을 터이다. 신불의 마음이 고루고루 사랑으로 넘쳐 있는 것이라면 복종하지 않는 자에게 더한층의 자애를 주실 것이다.
 따르지 않는 자를 이단이라 하여 화형대에 세우고 지옥그림을 갖고서 사람들을 복종시키는 것은 신불의 이름을 빌린 용서할 수 없는 인간의 과오다. 그러므로 마술사는 외계의 어떠한 속박도 받는 일 없이 수도에 전념할 수 있는 것이다.
 마술사를 위한 엑서사이즈는 자연과 접한 곳이라면 어디라도 할 수 있다. 근교의 야산이든 공원이든 스스로의 엑서사이즈에 적합한 장소라면 그곳이 그대로 도장이 된다. 물론 도시에 사는 사람들로선 자기 훈련을 위한 방이 하나만 있다면 족하다.
 비록 그것이 콘크리트의 벽으로 둘러싸여 있을지라도 자기 자신의 마음을 힘써 자연의 기로서 넘치게 한다면, 그곳은 이미 산자수명(山紫水明)의 도장과 같다.
 즉 마술사를 뜻하는 자에게 있어서는 어떠한 장소라도 수도의 장소가 될 수 있다는 뜻이다.

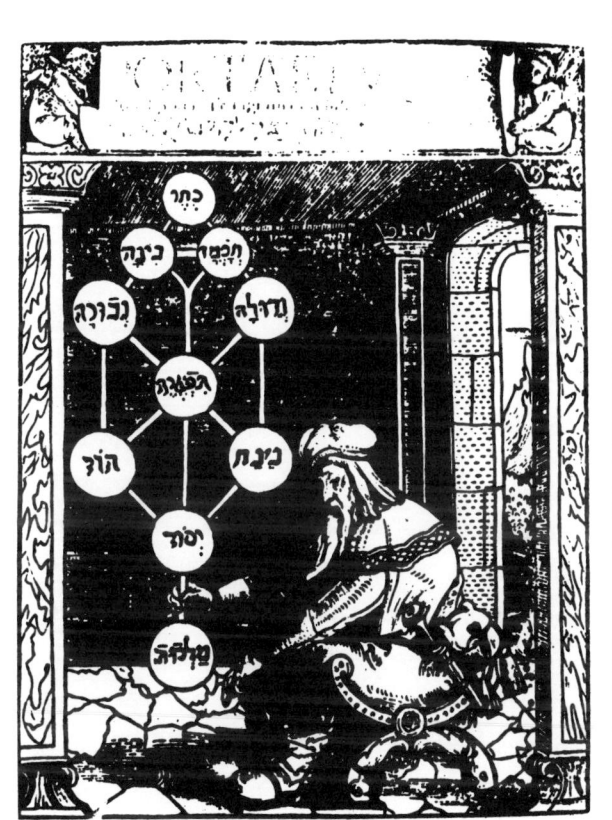

가바라의 비법에 열중하는 마술사

〈목 욕〉

　심신의 정화에 관해선 이미 말했지만 피지컬 엑서사이즈 (physical exercise)의 개시에 즈음하여 마술사는 평소의 더러움을 없애기 위해 목욕한다. 목욕은 옛날에는 정신주의적 입장에서 냉수를 사용하는 것을 예사로 했다.
　그러나 오늘날엔 신체의 청결도 큰 목적으로 되어 있으므로 온욕(溫浴)하여도 상관없다. 특히 서양에선 온수 샤워 등의 이용이 일반화 되고 있다.
　다만 최후에 심신을 긴장시키기 위해 냉수를 사용하는 게 원칙이다. 물론 이것도 심장병이 있는 사람 등은 하지 않아도 상관없다.
　이어 물기를 닦은 뒤 엑서사이즈의 장소로 나아간다. 커리큘럼·2의 곳에서도 해설했지만 다시 언급한다. 마술사의 훈련은 이와 같은 초기 단계에선 나체로 하는 게 보통이다. 그러나 나체에 대한 부질없는 불안감이나 거부 반응이 나타나는 것도 고려하여 수영복 비슷한 '훈련복'을 착용할 경우도 많다.
　마술사에게 있어 나체인 것은 단지 자연에 순응한 모습이므로 뜻을 함께 하지 않는 사람과 같이 있을 경우가 아닌 한 특별히 제약받을 것이 없다.
　그럼 목욕이 끝나고 엑서사이즈의 장소로 나아갔다면, 지금부터 단식과 묵상을 개시한다.

〈단 식〉

단식의 효과에 관해 그 자세한 설명을 하기에는 지면이 모자란다. 그래서 여기서는 간단히 단식의 방법을 말하겠다.

단식에 들어가기 전에는 먼저 열이 있는 병이나 체력 소모가 즉, 병증에 영향을 미칠수 있는 육체적 상황인가를 자각할 필요가 있다.

일본에서 신불을 참배할 때는 '양치질과 손을 깨끗이 씻는다'는 관습이 있다. 목욕이나 단식으로 훈련을 계속하는 첫작업으로써 체내의 노폐물을 배설시켜 두는 일은 역시 당연한 일이고 바람직하다.

단식은 훈련함으로서 꽤나 장시간 할 수 있게 되는 법이지만 마술사를 위한 단계로서는 48시간을 한도로 해도 좋다. 초심자는 단식을 시작하고 8시간 내지 12시간이 지나면 공복감을 느끼기 시작하여 정서 불안정이 되든가 초조감에 사로잡히든가 한다.

그러므로 처음에는 지나치게 버티지 말고 자기 자신이 참을 수 없는 한계에 이르렀다면 엑서사이즈를 중단하고 영양가 높은 것을 조금이라도 섭취하는 편이 좋으리라.

로마는 하루에 이루어지지 않는다는 말처럼 엑서사이즈는 마음 느긋하게 참을성 있게 계속하면 좋은 것이다.

또한 단식 도중 물 또는 소량의 소금이나 설탕을 먹는 것은 허용된다. 특히 단식 개시 전에는 다량의 물을 마셔 두는 것도 좋은 방법이다.

〈묵 상〉

이미 설명한 명상과 비슷하지만 서양의 마술사로서의 묵상에 대해 말하자.

　마술사는 단식과 동시에, 또는 단독으로 묵상을 한다. 묵상은 이윽고 우주의 주파(周波)라고 할 무한의 에네르기와 만나기 위해 마술사로써 빼놓을 수 없는 단계이다.

　묵상을 하려면 묵상을 하기 위한 자세를 만든다. 동양 각국에선 선이 일반적으로 알려져 있기 때문에 묵상의 자세는 주로 좌선의 그것을 본뜨는 일이 많다. 그것은 그것대로 완성된 좋은 자세이다. 그러나 서양인에게 있어 선의 자세나 요가의 모습은 생활형태상 인연이 멀어 곧 실행할 수 없는 경우가 많다.

　그래서 그들은 등받이가 없는 의자에 앉든가 벽을 등지고 꼿꼿이 서는 방법을 취하는 일이 있다. 좌선 등에선 벽을 정면으로 하여 앉는 일이 많지만 서양에선 '면벽'의 자세를 취하면 강박관념이 증대한다 하여 채용하는 일이 적은 것 같다.

　'면벽 직립'은 징벌의 자세라고 되어 있는 곳도 있으므로. (단 훈련 과정으로써 정신력을 강하게 높일 경우는 굳이 감행하는 일도 있다).

　여기서 굳이 서양의 예를 인용한 것은 이미 독자 중에서도 완전히 서양식의 생활 양식에 익숙한 분도 많다고 생각되므로, 묵상의 자세를 잡기 쉽다면 하는 생각일 뿐 다른 뜻은 없다.

　그건 그렇고 마술사의 묵상은 그 때의 상태에 따라 길고 짧음이 있고 일정하지는 않다. 그러나 초보의 엑서사이즈로선 그리 장시간 묵상한다는 분위기 속에 자기를 두는 일은 곤란하므로, 서양식으로 등을 벽으로 향하고서 직립하는 방법 등이 오히려 효과적이리라.

반짝이는 색채

　어느 자세인 경우라도 등뼈를 꼿꼿이 펴고 머리의 정수리와 항문이 지구의 중심을 향해 똑바로 뻗친 선상에서 연결되도록 하는 게 기본이고, 이것에 한해선 타협이 허용되지 않는다.
　눈의 위치는 동양일 경우 반안(半眼) 혹은 눈을 감는 일도 있지만 마술사의 엑서사이즈에선 정면을 향해 뜬다.
　초보의 단계에선, 목선(目線)을 자기의 눈 높이보다 조금 높은 곳에 정하고 결코 흔들리지 않도록 하는 게 중요하다. 마술사의 엑서사이즈로서 묵상의 자세인 채 눈을 감는 것은 자기 최면을 할 경우에 많고 순수한 묵상과는 취지를 달리 하는 것이다.
　유럽의 전통적인 마술사 단체에선 묵상을 비롯한 심적인 마법 훈련에는 '번쩍이는 색채'라 일컬어지는 기하학적 도형을 사용할 경우도 있다. 그러나 초보 단계에선 시점(視點)을 고정 시키는 표적이 있으면 충분하므로 지름 2센티미터 가량의 검은 동그래미를 종이에 그려 벽에 붙일 뿐이다.

그런데 묵상에 들어가면 초심자는 최초의 15분 정도로 기분이 안정을 잃는다. 속설일지 모르지만 인간의 긴장은 15분 이상 계속되지 않는다고 한다.

특히 나체로 묵상에 들어갔을 경우 등은 평소의 사회 습관 등과의 심리적 캡도 있기 때문에 단시간으로 정서 불안정이 되는 것 같다.

그러나 이것도 회를 거듭하는 사이에 오히려 마음을 안정시켜 묵상에 전념할 수 있게 되므로 조바심을 내지말고 반복 실행하기 바란다.

그렇다면 목욕·단식·묵상은 어떠한 효과를 올리는가에 대해 설명하자. 이 일련의 레슨을 바르게 실행하면 다음의 점을 알게 된다.

① 신경이 진정되고 정신이 안정된다.
② 5감의 지각이 예민해진다.
③ 집중력이 증가된다.
④ 인내력과 담력이 증가된다.
⑤ 그러한 일을 통해 대우주와의 심적 교환이 가능한 상태에 도달할 수가 있다.

마술사가 초능력을 발휘하는 것처럼 보이는 것은 이와 같은 훈련의 쌓아올림에 의해 일반의 사람보다 단시간에, 또 집중적으로 온힘을 모을 수 있기 때문이라고 하겠다.

마술사에의 첫걸음인 엑서사이즈는 의외로 수험생 등 여러분에게 도움이 될지도 모른다.

그리고 마술사의 레슨은 알맞은 선배가 있는 게 바람직 함도 당연하다. 나도 아직 수도 중의 몸이고 '달인'이라고 일컬어지는 대마술사엔 도가 멀지만 진지하게 마술사를 뜻하는 당신에겐 시간이 허락하는 한 지도를 해드리고 싶다고 생각한다.

어쨌든 마술사는 이리하여 크나큰 '무'의 마음, 혹은 힘찬 '무'의 존재 등을 스스로의 훈련을 통해 몸에 익혀 가는 것이다.

'무'를 지각하면 염력도 강해진다

마술사는 목욕·단식·묵상 등의 레슨을 거듭하면서 차츰 마음의 영성(깨끗한 정신이 가져다 주는 영혼의 정화)을 높이고 자기의 초능력을 개발해 가는 것이다.

이른바 염력(念力)이라 불리는 능력도 이러한 훈련에 의해 획득하기 쉬운 체질이 된다. 마술사의 초능력은 결코 갑자기 얻어지는 것은 아니고 부단한 노력에 의해 자기 자신이 움켜잡는 것이다.

'염력'은 정신력을 극도로 집중시키고 그곳에서 태어나는 '염'을 에네르기로 바꾸어 갖가지의 초자연 현상을 일으키는 것을 말한다.

염동(念動)·염사(念寫)·천리안 등은 이런 염력 속에 포함된다. 오늘날엔 염력을 순수 과학분야로써 미국의 듀크 대학을 비롯한 각국에서 진지하게 연구하고 있다.

그것은 저 연금술이 오늘날의 과학 발전에 크게 공헌한 과정과도 비슷하다.

어쩌면 몇 십년 뒤에는 '염력'이 마술사나 초능력자만의 것이 아니게 되어 있을지도 모른다. 그러나 초능력이 있다고 해서 부질없이 그것을 구경거리 삼아 휘두른다면 모처럼 우주로부터 주어진 힘을 낭비하고 만다.

　마술사에게 있어 '염력'은 어디까지나 정화된 정신의 에네르기가 아니면 안 된다. 그러므로 그 힘은 '오칼트'(Occult : 초능력, 불가사의), 즉 되도록 숨기고 가장 효과적인 경우에 이용해야만 한다고 나는 생각한다.

　일본에서도 '염력'은 메이지 이후 '이노우에 엔료(井上圓了) 선생을 비롯하여 후쿠라이 도모기치 박사, 오쿠마 도라노스케 박사 등 많은 유명 학자가 진지한 태도로 연구를 계속해 왔다.

　이들 최고 두뇌가 과학적인 시야에 서서 명확히 규명한 것은, 유감스럽게도 세상에 있는 '염력'의 90퍼센트 이상이 무언가의 트릭이거나 착각이라고 한다. 그러나 올바른 훈련을 쌓으면 반드시 염력, 곧 초능력은 당신의 것이 될 터이다.

　'염력'을 강화하는 방법으로선 몇가지의 레슨이 준비되고 있지만, 이 책은 '염력 강화법'을 목적으로 하고 있는 게 아니므로 자세히는 언급하지 않겠다. 이제부터의 갖가지 이야기를 통해 당신은 얼마간의 '염력 강화법'을 발견하게 되리라.

　＊[18세기에 스페인 전역과 피레네 산맥을 넘어 프랑스 남부까지 진출했던 아랍 세력은 그뒤의 유럽 문명에 엄청난 영향을 주었다.

　오랫동안 무시되었던 아리스토텔레스나 플라톤의 철학이 서구에 전달되었을 뿐아니라 수학·의학·물리학상에서 큰 진보가 있었다. 즉 불규칙적인 로마 숫자는 오늘날 우리가 사용하는 아라비아 숫자로 대체되고 제로(0)의 기호가 처음으로 사용되었다.

　앨지브러(algebra : 대수학)라는 명칭 그 자체가 아랍어이다. 케미스트리(chemistry : 화학)라는 말도 같다. 또 아르골이니 앨데바란이니 포테스니 하는 별의 명칭은 아랍인 천문학의 증거이다.

아랍인인 실험 화학자는 앨키미스트(연금술사)라고 불렀는데 야금(冶金)과 그밖의 기술, 예를 들어 합금(合金) 기술을 개척했다.

이것은 헛되게 끝난 그들의 주요 목적, '철학자의 돌'이라 불린 납으로 황금을 만들겠다는 과정에서 태어났다. 연금술사는 이밖에 염료(물감), 증류법, 팅크제(옥도정기), 향수, 광학 유리 제조법 등을 발명하고 과학의 기초를 다졌던 것이다.]

커리큘럼 8
전례마법(典禮魔法)

전례는 자기를 정령에 접근시키는 의식

타락한 고대 용의 아들, 실은 미래를 여는 운명의 아들인 마술사는 온갖 박해와 편견에 견디내고 닥쳐올 날을 위해 스스로를 연성(練成)한다.
　마술사의 중요한 훈련으로 '전례'(典禮)가 있다.
　'전례'란 의식을 말하며, 자기 자신을 정령(精靈)에 접근시키기 위한 세리머니(식전)라고 생각하면 된다.
　마술사가 행하는 '전례'는 스스로를 대자연에 동화시키고 4대 정령(불·흙·바람·물의 상징적인 정)과 접하며 마침내는 우주와 함께 호흡하는 체질을 획득하기 위한 세리머니이다.
　혹은 그와 같은 심경에 도달하기 위한 수단으로써 행하는 세리머니라고 생각해도 좋다.
　어쨌든 '전례'는 마법 중에서도 가장 중요한 과목이다.
　그런데 마술사의 이런 '전례'야말로 중세이래 무섭게 알려져 온 저 악명 높은 '악마의 의식'이거나 '흑미사'이거나 했던 것이다.
　교회 안에서 올려지지 않는 강력한 신념을 가진 사람들의 의식은 모두 악마의 짓으로 인정되었기 때문이다.

그것은 마치, 4월 30일의 밸 푸르기스의 밤(wal-purgis Night) 축제가 한낱 봄을 맞는 마을 사람들의 조촐한 모임인데도 불구하고 일반에게는 검은 마녀들의 서베트(sabbath 마녀들의 광신적 밤축제)로써 알려져 있는 것과 비슷하다.

서민은 이룰 수 없는 왕성한 욕망때문에 항상 쇼킹한 일에 굶주리고 있다. 평소의 생활이 괴로우면 괴로울수록 강렬한 자극을 구하게 된다. 그곳에 저열한 위정자가 파고들 여지가 생기는 것이었다.

신의 이름아래 죽음의 무도가 추어지고 몇 백명의 무고한 사람을 마녀로써 불에 태워 죽인 것은 다름아닌 무지한 민중의 호기심의 발로에 지나지 않는다. 민중이 민중을 불질러 죽이는 것이다.

악마에게 진짜로 영혼을 판 위정자나 타락한 성직자들은 자기의 성곽(城廓)에서 민중이 민중을 불질러 죽이는 것을 즐겁게 구경하고 있는 것이다.

마녀로써 불살라지는 사람들의 울부짖음은 그들에게 술잔치의 여흥이 되었고, 마녀의 가족부터 몰수한 금화는 그들의 금고에 넘쳤던 것이다.

이 기회에, 악마가 누구에게 들러 붙는가를 분명히 해두지 않으면 안 되리라. 확실히 현세에 있어 마술사는 타락한 옛날의 용 아들, 곧 악에 편드는 자로 되어 있지만 실제로는 마술사야말로 악마를 이기는 능력을 몸에 지닌 인간인 것이다.

악마는 '무'의 세계에 사는 마술사 등에 들러붙을 방법도 없다. 또한 마술사와 필요없는 투쟁 등을 일으켜 자유를 빼앗기고 싶지 않다고 생각한다. 그러므로 악마는 마술사에게 불려가는 것을 몹시 싫어하는 것이 진짜 모습이다.

검은 마녀들의 밤축제 모습

악마에게 있어 가장 들러붙기 쉬운 상대는 얼마든지 있는 것이다. 탐욕스런 욕망과 쾌락 속에서 몸부림 치고 있는 자들의 귓가에서 속삭이는 편이 얼마만큼 악마로서 편할지 모른다.

마술사란 특별히 선택된 사람들은 아니다. 다만 일찍 일어나는 사람이 늦잠의 사람에게서는 볼 수가 없는 아름다운 눈동자를 보는 것처럼, 다른 사람들보다 조금 일찍 진실에 눈뜨고 미래의 광명을 보려 했던 사람들이다. 당신도 조금만 마음을 일찍 깨달으면 훌륭한 마술사가 되는 자격을 충분히 갖는 것이 된다.

이제 '전례'에는 갖가지의 방법과 목적이 있지만 우선 입문인 '전례'부터 설명하자. 마법에는 몇 개의 유파가 있고 '전례'도 일정하지는 않다. 흔히 이것이 정통이라든가 원류(源流)라는 인물이나 단체가 있지만 마법 그 자체가 그러한 권위주의에 대항하여 태어난 것이고 보면 새삼 정통이니 원류이니 하는 것은 배꼽이 웃을 노릇이다.

사람들을 새로운 세계로 이끌 수 있다면, 본래의 마술사 목적은 달성되는 것이다.

이제부터 풀이하는 '전례'도 대표적인 하나의 예이고 세부에 이르러선 유파에 따라 다름을 미리 말해 두겠다. 동시에 왜 오늘날까지 깊은 산속이나 밀실에서 행해져 온 마법의 '전례'를 여기서 소개하느냐 하면, 악마의 앞잡이에 의해 당신을 왜곡되게 가르쳐진 마법에 대한 이미지를 정상의 것으로 수정하기 때문이다.

마술사 중에는 사회적인 오해 속에서도 그 행동을 '옳다'고 믿는 자도 있다. 유럽의 전통적 마법 결사나 오랜 시대의 달인에겐 이런 타이프가 많다.

그러나 시대는 바뀌었다. 감추어야 할 비의(秘儀 : 비밀스런 의식)는 마법의 이름아래 감추어 두어야 한다 해도, 굳이 사람들에게 쓸데없는 오해를 품게 한 채로 놔둘 필요는 없으리라.

마법의 오의(奧義)는 한없이 깊고 내가 아무리 펜을 휘둘러도 한마디로 말할 수는 없다. 자신이 없는 마술사라면 또 몰라도 조금쯤 본격적인 '전례'의 주된 뜻이나 방법에 관해 말했다 하여도 갈팡질팡하는 것은 꼴불견이다.

지금은 한사람이라도 많은 사람에게 마법의 참뜻을 이해시키는 편이 중요한 것이다.

✶['악마학'이란 말하자면 유럽의 기독교국에서 태어난 체제론(體制論)의 하나이고 기독교 신자의 변증법이라고 생각해도 좋으리라. 즉 기독교 신학에선 '신'이 '선'을 상징하고 있지만, 악마학은 바로 신의 정당성을 상징하기 위해 존재하기 때문이다. 그럼, 악마학은 무엇을 증명하려 했던 것일까? 그 두드러진 예는 속신(俗信)적인 마녀 전설이었다.

이 책에서도 단편적으로 소개되고 있지만, 옛날부터 유럽에는 디먼(Demon : 악령, 악마)이라는 존재를 민중들이 믿고 있었다.

교회는 이런 민중이 무서워 하는 디먼을 이용하는 방법을 찾아냈다. 즉 악마가 실재한다고 강조함으로써 민중의 생활을 '요람부터 무덤까지' 교회에서 감시하는데 사용했던 것이다.

이것이 좀더 발전하여 교회는 원시적인 백마술(주문이나 기도로 재난을 제거하는 의사)나 무술(巫術 : 예언)에 이르기까지 도매금으로, 그들에게 요술을 쓰는 마녀라는 낙인을 찍고 화형대에서 말살하게 된다. 왜냐하면 기독교가 국교로 되고 나서도 유럽의 열강 각국은 항상 같은 종파 내에서 '정통'과 '이단'의 주도권 싸움으로 피를 흘린 적이 있고 로마 교회로선 정통파의 체면과 존속을 위해서도 이단이나 사교는 섬멸하지 않으면 안 되었던 것이다.

이리하여 로마 교회는 이단자의 처리를 목적으로 한 사법상의 제도를 15세기말 설치하는 것인데, 이것이 스페인에서 행해진 '이교도의 화형' 곧 '이단 심문'이다. 더욱이 1485년 교황 인노켄티우스 8세가 마술 금지의 칙서를 포고할 무렵에는 종교 정치의 단속이 더욱 엄격해지고 일상적인 언동마저 자칫하면 이단 혐의를 받았을 뿐아니라 시정(市井)의 전설이나 토속적 풍습마저 재판소가 간섭했던 것이다.

그러는 한편 신학자들은 악마 왕국의 조감도 작성에 여념이 없었고 마침내 '마녀 전설'의 잡탕으로써 획기적인 체제 수호의 덫을 만들어 내는데 성공했다.

이런 창작물이 마녀 재판을 위해 이용된다. 내용은 말할 것도 없이 악마의 생태를 나타낸 것인데 그 클라이맥스는 악마의 밤축제(사베트)라 일컫는 세리머니였다.]

마술사의 등용문, 입문식

입문식은 소정의 엑서사이즈를 마친 자에 대해 행해지는 것이고, 마술사에의 등용문이다.

입문식은 유파에 따라 옥내, 옥외의 어느 쪽에서 올려진다. 그러나 장소는 달라도 내용은 서의 동일하다.

입문자는 선배, 혹은 소개자에 인도되어 '전례장'에 그려진 마법 제단에 세워진다. 마법 제단도 저마다의 유파에 의해 조금씩 다르지만, 어느 것이나 우주를 상징하는 위대한 능력의 소유자 이름이며, 각 정령의 이름이 주위 벽에 아로새겨져

마법진(魔法陳)

있다.

　이런 전례장에 들어감으로서 입문자는 더럽고 탁한 속세와 격리된다.

　지금 입문자는 청결한 정령의 나라 문앞에 서 있는 것이다.

　이때 입문자는 대부분의 경우 전나체이다. 이는 정령의 나라에로 길을 떠남에 있어 아무것도 소유하고 있지 않음을 나타내기 위해서이고 또한 새로운 탄생일로 삼기 위해서이다.

　입문자는 전나인 것에 아무런 저항도 없다. 까닭인즉 이런 '전례'에 입회하는 참가자가 모두 전나체이기 때문이다. 참석자가 전나체라는 것은 의복에 의해 신분이나 인품을 나타내는 속세의 습관을 버리고 여기서는 누구나가 평등함을 표시하기 위해서다.

　'알몸이 된다'는 것은 서로 숨기는 게 없고 공격이나 방어의 준비가 없는, 친밀하고 평화스런 인간 관계를 단적으로 나타내는 것이기도 하다.

물론 이 '전례'를 집행하는 사제는 그 소임상 로마의 토가(toga) 비슷한 겉옷을 걸치는 일이 있다.

다음에 입문자는 검은 천 혹은 가죽으로 눈이 가려진다. 이는 어둠 속을 방황하는 영혼을 상징하는 절차이고, 입문자는 암흑을 새삼 재확인하게 된다.

계속해서 입문자는 양손을 등뒤로 돌려 뒷결박을 하게 된다. 이는 인간이 본래 무력(無力)함을 나타냄과 동시에 이제부터 힘을 빌려 주는 우주의 제정령에 대해 모든 것을 무조건 받아들이는 걸 표시하기 위해서다.

실제 입문자는 이 단계에서 상당한 불안감을 느낀다. 아무튼 알몸으로 눈가림이 되고 양손을 뒷결박 당하고 있는 것이다.

그러나 그러한 무력한 상태 속에 있어야 비로소 참석자와의 무언의 신뢰감이 싹트는 것이다. '나는 힘없고 어둠 속에 있지만 여기에 있는 모든 사람들은 나를 안전하게 인도해 준다' 하는 확신이 얻어지는 것이다.

어떤 유파에선 사제가 지금의 말을 2인칭으로 바꾸어 입문자에게 이야기하는 방식을 채택하고 있다.

여기에 이르면 독자 중에는 언젠가 이런 장면을 영화에서 본 일이 있구나 생각되는 분도 있으리라. 더욱이 그 해설은 아마도 자못 무섭다는 듯이,

'악마에 영혼을 판 마녀들*은 전라의 의식을 올리고 악마와 새디스틱한 성교를 갖기 위해 스스로를 제물로 삼고 있는 것이다.'

라고 말한 것이 아닐까? 일반의 사람은 장면이 장면이니만큼 그렇게 듣고 보면 그런 것인가 하고 믿어 버린다.

어쨌든 영화는 어디까지나 영화에 불과하지만, 예로부터

위정자는 같은 방법으로 사람들에게 마술사를 오해토록 해왔던 것이다.

마법의 '전례'에선 누구도 악마에게 영혼을 팔아먹거나 하지 않는다. '전례'는 오히려 악마를 멀리 하고 혹은 악마를 이기는 힘을 얻는 세리머니이기 때문이다.

이어서 입문자는 불굴의 정신을 갖고서 어떠한 위선자의 유혹에도 지지 않고 타락한 옛날의 용 아들(딸)로서 내일의 광명 속에 내내 설 것을 맹세하게 된다.

그리고 마술사의 훈련 과정에서는 이끌어 주는 선배의 지도에 복종할 것을 약속한다. 이윽고 입문자는 모든 속박에서 풀려 성스런 마법 제단 밖으로 나온다.

입문자는 거기서 비로소 뜻을 함께 하는 사람들에게 소개되고 마술사에의 문을 들어가는 허락이 주어지는 것이다.

유파에 따라선 손끝을 베고 그 피로서 서약서에 사인을 하게 하는 곳도 있지만, 이것은 박해가 심했던 시대에 그 조직을 지키기 위한 자연 발생적인 행위였었다.

이와 같은 얼핏 보아 야만이라 보이는 방법은 특별히 마법에 종사하는 자의 전매 특허는 아니다. 세상으로부터 무언가의 이유로 박해된 사람들의 단체나 철의 단결이 요구되는 단체에선 극히 보통으로 행해진 방법이다.

중국 등에서도 연판장에 피도장을 찍는 것이 보통이었다.

이밖에도 마술사가 행하는 '전례'는 여러가지가 있다. 그것들은 어느 것이나 우주의 힘, 대자연의 힘을 몸에 익히기 위한 '전례'이고, 악마에 대항하는 보다 강한 힘을 얻기 위한 것이다.

여기선 도저히 '전례'의 전부를 이야기할 수가 없다. 따라서 청결한 정령과의 교신(交信) 혹은 우주의 파장을 포착하기 위한 '전례'를 하나 더 들고 일단 마무리를 하겠다.

✷[마녀란 무엇인가? 이것에는 민족적 이미지와 흑미사적 이미지가 있다. 민속적 이미지로써 영국의 토머스 에이디가 1655년에 저술한 《어둠속의 촛불》에 의하면 다음과 같다.

① 주술에 의해 사람을 죽이는 능력을 갖는다. 이는 저주의 허수아비를 만들어 그 심장을 도려내어 주문을 외우든가 또는 독약을 조제하여 먹이는 것 등. 이때문에 민간요법에 익숙한 여자가 병자에게 약을 주어 낫으면 다행이지만 죽게 되면 마녀로 몰리는 일이 있었다.

② 심부름 마물에게 자기의 피를 빨도록 한다. '심부름 마물'은 가정에서 사육하는 동물로서 마녀는 그것을 자기의 피로 사육하며 나쁜 짓을 하는 앞잡이로 부려먹는다. 때문에 산골의 외딴 집에서 고양이나 개를 애완 동물로 여기며 사는 노파는 마녀로써 인정되기 쉬웠다.

마녀의 증거로써 신체에 물린 자국이 있거나 하면 이미 변명의 여지가 없었다.

③ 마녀 표시를 몸에 가졌다. 그 표시란 소동물이나 곤충 모양의 것이 신체의 비밀스런 곳에 있다고 믿어졌다. 그 때문에 용의자는 알몸으로 만들어져 음모를 밀어버리고 바늘따위로 집요하게 찔렀다. 왜냐하면 마녀는 고통도 없고 출혈도 않는다고 했기 때문이다.

④ 마녀는 물을 퉁겨버린다. 이는 세례에 사용되는 성스런 물이 마녀에게 받아들여실 리가 없다는 터무니 없는 생각이 근기로서, 용의자는 오른손의 엄지와 왼발의 엄지를 붙들어 매고 헤엄칠 수 없게 한 뒤 강물에 매달았다.

마녀는 필사적으로 몸부림을 쳤지만 코르크나 종이쪽처럼 떠내려 갔다고 한다.

⑤ 곡식을 말라 죽이고 가축을 죽인다. 흉년이 들거나 가축이 갑자기 죽거나 하면 이것도 마녀의 탓으로 돌렸다.

⑥ 악마나 몽마(가위)와 계약을 맺는다. 몽마로선 사내 모습이 되어 여자를 습격하는 인큐버스(Incubus)와 여자 모습으로 사내를 습격하는 사큐버스(Succubus)가 있다.

⑦ 흉안(兇眼)을 갖는다. 이는 눈초리가 무서운 마녀인데, 이런 눈을 갖인 여자가 노려 보면 죽는다는 믿음이 있어 이런 눈을 피하기 위해 이른바 Fig 모양으로 깍지손을 해야 했다.

⑧ 둔갑하는 능력을 갖는다. 마녀는 자유자재로 동물이나 다른 인간으로 변신을 할 수 있다고 한다.

⑨ 머리카락으로 버터나 밀크를 공중에 달아올린다. 농가에서 버터가 없어지든가 우유가 시든가 하면 이것도 마녀의 탓으로 돌렸다.

⑩ 뱃사람에게 바람을 판다. 뱃사람에게 있어 바람은 생사에 관한 중대 문제였다. 그래서 선원들은 바람이 없을 때 바람을 달라고 마녀에게 애원을 했고, 폭풍일 때는 바람을 그치게 해달라고 사정했다. 물론 그 댓가로 약속을 하면서.

이상이 마녀에 대한 중세 사람들의 이미지인데, 그 대표적 모습은 밤중에 은밀히 빗자루를 타고 마녀의 잔치인 새바트로 모이는 광경이었다.

처음에는 이런 마녀가 요염하고 젊은 미녀로 묘사되고 있었는데, 청교도 이후 검은 옷에 뽀족 모자를 쓴 추악한 노파가 그려지기 시작했다고 한다.

이 책에도 나온 '벨 푸르기스의 밤'은 괴테의 작품 《파우스트》에 자세히 묘사되고 있지만, 그것에 의한 이런 마녀의 집회가 1년에 네 번 열렸다.]

이것이 흑미사의 정체이다

이 마법의 '전례'를 나는 우주 제단이라고 이름 짓는다. 왜 이런 '전례'를 굳이 소개하느냐 하면, 그 방법이 세상의 악명 높은 흑미사*와 닮고 있기 때문이다.

이미 당신은 내가 의도하는 바를 아시리라. 몇 백년 동안 마술사들이 실행한다고 일컬어져 온 피와 음락(淫樂)의 의식, '흑미사'의 참된 모습을 이제부터 알려드리고자 하는 것이다.

확실히 흑미사는 〈푸른 수염〉 질·드·레에의 성곽에서 파계승 라쁠라찌며 루이 왕조 시대에 화려했던 파리에서 역시 파계승 기브르 등에 의해 실행된 적이 있다.

그러나 이와 같은 '흑미사'는 참된 마술사들과는 아무런 관계도 없는 상류사회의 놀이에 지나지 않는다. 당시의 왕귀족이나 타락한 성직자에게 있어선 어쩌다가 발각된 '흑미사' 소동같은 것은 철없는 어린이의 장난에 불과했다.

세상이나 민중을 위해 조금 이맛살을 찌푸려 보였지만, 그런 이마의 주름살도 펴지기 전에 그들은 오늘밤의 좀더 강렬한 악덕(惡德)에 골몰하고 있었던 것이다.

그렇다면 속아(俗惡)한 그들이 '흑미사'라 부르고 마술사가 우주 제단이라 부르는 '전례'에 관해 설명하자. 이런 '전례'는 일종의 명상 레슨이고 보통의 묵상보다도 보다 깊이 우주와의 동화가 얻어지는 방법이다.

'전례'를 행하는 자는 목욕하고 가벼운 단식을 하며, 그런

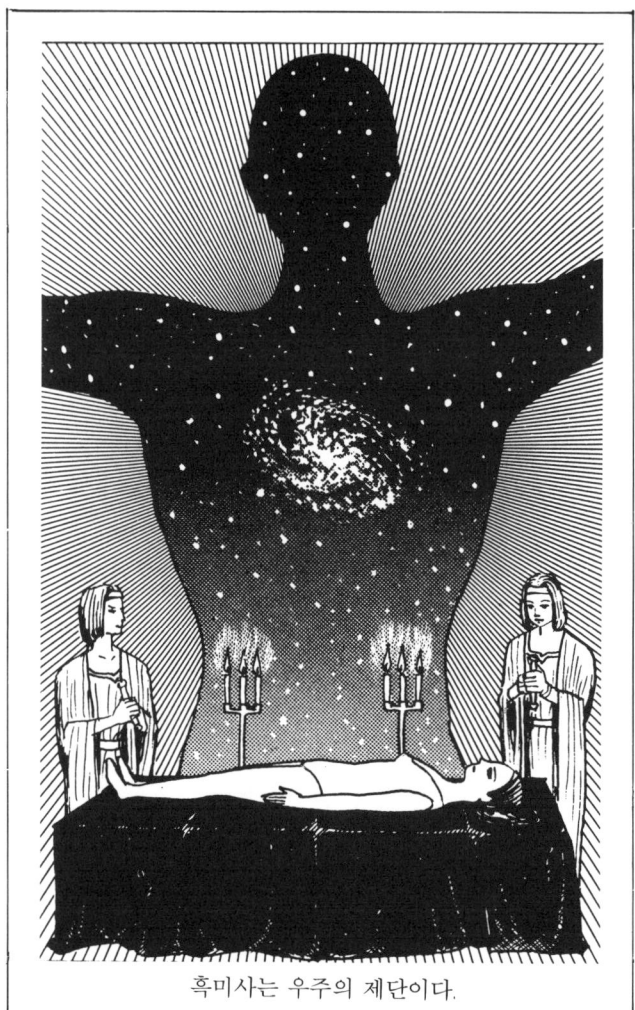

흑미사는 우주의 제단이다.

뒤 탁상에 벌렁 눕는다. 탁자가 없을 때에는 베드나 책상이라도 상관이 없다. 그것마저 없다면 마루바닥에서라도 못할 것은 없다. 다만 바닥이 너무 부드러우면 진짜 잠에 빠져 레슨을 하지 못하므로 바닥은 단단한 편이 좋다.

　반듯하게 누웠다면 팔다리와 등뼈를 똑바로 펴고 온몸의 힘을 점차로 뽑아 신체가 바닥 위에서 안정되도록 한다.

　이 '전례'를 행할 때는 강한 광선이나 전등의 아래라면 신경이 안정되지 않고 마음의 긴장이 풀리지 않으므로 되도록 직접적인 빛은 가려 주는 편이 효과적이다.

　조명으로선 촛불을 사용하는 게 보통이다. 탁자 위에는 전례자의 마음을 평안히 해주기 위해 검정 또는 짙은 보라색 빌로도를 까는 일이 있다.

　명상을 깊게 하는 촉진물로써 벽에는 전례자가 소속한 단체의 페넌트 혹은 대자연의 위대한 창조자 이름, 청결한 정령의 이름이나 문장(紋章) 등을 거는 경우가 있다. 또한 때로는 같은 이유와 목적으로서 향을 사르든가 음향을 사용하든가 한다.

　다만 미리 말해 두지만 이와 같은 '전례'에선 일체의 환각제 따위는 복용하지 않는다.

　이리하여 완전히 '전례'의 준비가 갖추어졌다면 전례자, 곧 마술사는 깊은 명상에 들어간다.

　전례자는 가볍게 눈을 감고 '자기는 늘 이곳에 있다' 하는 것을 계속 의식한다. 30분이나 그런 상태로 있으면 졸음이 오든가 신경의 피로로서 몽롱해지든가 한다.

　이때에 이르면 전례자는 '자기는 늘 이곳에 있다'는 것을 의식한 채 청결한 정령의 존재를 강력히 믿고 자기 자신이 우주의 공간에 있다고 상상해 보는 것이다.

그러면 이윽고 눈꺼풀 속에 갖가지의 모습이나 모양이 보인다. 그 모습은 일정하지가 않지만, 그것은 평소부터 전례자의 심층 심리에 숨어 있는 마음의 이미지이므로 그다지 이상하게 여길 것은 없다.

다만 한동안 그런 환각이 보인 뒤에 갑작스레 깊은 정적이 찾아온다. 이때 전례자는 자기가 비로소 우주 속에 있음을 느낀다. 전례자는 우주 속에서 떠돌고 자기의 신체아래 탁자가 있음을 잊는다.

이를테면 무중력 상태와도 같은 경지에 도달하여 체중을 잊는다. 실은 이때야말로 전례자의 영혼은 육체를 떠나고 우주 공간에 떠오른 상태에 있는 것이다. 이러한 상태에 있을 때 전례자는 이세상이 아닌 유계(幽界)를 엿보게 된다.

유계란 귀신의 세계를 말하는 게 아니다. 유계는 영계에 들어가기 전의 세계이고 영계와 이웃하고 있는 곳이다. 또한 유계란 육체를 이탈한 넋이 모이는 장소로서 바로 근처에는 갖가지의 정령이 깃드는 영계가 있다.

나는 어디까지나 인간으로서 살아있는 신도, 말을 하는 신의 아들도 아니므로 천국이나 지옥에 들락날락하는 주제넘는 짓은 하지 못하지만, 만일 사후의 영혼이 가는 곳이 있다고 한다면 전례자가 엿보는 영계가 그것이 아닌가 싶다.

유계에서 떠다니는 전례자의 영혼은 그곳에서 온갖 영들을 본다. 익숙해지면 영과 이야기를 할 수도 있게 되는 것이다.

다만 이런 전례에 숙달하기 전에는 결코 장시간에 걸쳐 유계에 머물러서는 안 된다. 살아있는 육체를 이탈하고 유계에서 떠다니는 영혼은 매우 불안정한 상태이다. 그러므로 장시간 방치하면 본래의 육체에 되돌아 올 수 없게 되는 일도 있기 때문이다.

전례자는 '자기는 늘 여기에 있다'는 의식을 확고히 갖고 있지 않으면 안 되는 이유도 여기에 있다.

영의 세계에선 당신을 지켜 주는 수호령이나 직업이나 기능, 재능을 지도해 주는 지도령과도 만날 수가 있다. 그리하여 죽은 뒤에는 자기 자신도 이곳에 오는구나 하는 일이 납득되는 것이다.

다만 영계를 천천히 관찰할 수 있게 되면 영에도 품위가 있고 빈상(貧相)도 있는가 하면 복상(福相)도 있음을 안다. 확실히 이세상에서 뒤가 컴컴한 삶을 했던 영은 무거웁고 답답하게 보이며, 깨끗하게 산 사람의 영은 시원스럽게 보인다.

영위(靈位)가 높은 것과 그렇지 않은 것은 영계에서는 뚜렷이 구별되고 있다.

이세상에 있는 동안에 영혼을 연마해 두는 일은 누구에게 있어서나 정말로 중요한 일이다. 이리하여 전례자는 광대무변의 우주에서 영이 되어 방황하며 인간은 어디서부터 와서 어디로 가느냐 하는 명제(命題)에 대해 자기 자신의 대답을 발견할 수가 있는 것이다.

넋은 육체가 멸망하여도 영원히 불멸의 것이고 영혼을 닦아 두면 영계에선 평안한 때를 보낼 수가 있는 것이다.

사후 세계의 일을 알면 죽음 그 자체를 부질없이 두려워할 필요는 없어진다. 그러므로 마술사는 이세상에서의 죽음을 겁내는 일은 없다. 다만 이세상에 있는 동안에 되도록 우주의 법칙에 순응하고 인간으로써 해야 할 일을 성취해 두고 싶다고 생각할 뿐이다.

전례자, 곧 마술사는 이런 '우주 제단'의 전례를 통해 이상과 같은 것을 아는 것이다.
 전례자가 초심자일 경우는 떠도는 영혼이 본래의 곳에 돌아갈 수 없게 되면 안 되므로, 그 상황을 지켜 보기 위해 선배인 마술사가 한 사람 내지 몇사람 입회하는 일이 있다.
 그것이야 어쨌든 '우주 제단'의 전례란 이와 같은 것이다. 그런데 이것을 어쩌다가 무언가의 계기로 천한 마음의 인물이 열쇠 구멍 등으로 엿보고 있든가 한다면 어찌될까?
 어둠 침침한 방안에서 무엇인지 일어나고 있다. 촛불이 흔들리는 불빛 속에 제단과 같은 것이 보인다. 눈에 힘을 주어 자세히 보니 제단 위에 사람이 누워 있다.
 그것을 둘러싸듯이 하며 이상한 옷차림을 한 사람의 그림자가 웅성거린다. 벽면에는 본 적도 없는 기묘한 그림이나 도형이 걸려 있다. 귀를 기울이니 수수께끼 비슷한 음악도 들려온다.
 '이크, 이는 예삿일이 아니다. 이는 무언지 모르지만 좋지않은 일의 모임일 게 분명하다.'
 '그렇다. 이는 악마의 미사다. 마술사의 흑미사가 틀림없어. 그렇다면 곧 경찰에 알리자. 어쩌면 상금을 듬뿍 받을지도 모른다.'
등등의 사태가 벌어지지 않을까? 뭐 그렇게 생각되어도 도리가 없다고 하면 그 뿐이지만, 세상에 악명 높은 흑미사의 정체는 실로 이런 곳에 있는 것이었다.
 실증주의를 기치로 삼는 과학적이고 윤리적인 사회는 이만큼 시대가 발달되어도 아직도 우주 제단을 '흑미사'로 착각한 채로 놔두고 싶어한다.
 신과 진리의 가면을 쓴 악마가 이세상을 지배한 지도 이미 오래이다. 이쯤에서 당신도 한번 사물의 사고방식이나 관점(觀點)을 바꾸는게 어떨까!

　자기 자신이 마술사가 완전히 되어 전례를 실행해 보면, 마음속엔 확실히 기성의 관념에 사로잡히지 않는 나긋나긋한 심정이 펼쳐져 온다.

　눈앞의 이익이나 한때의 감정에 사로잡히지 않는 크나큰 자기가 개발된다. 초능력이라는 상식을 넘은 '사는 힘'도 반드시 이런 속에서 태어날 것이다.

　✳[흑미사적 마녀상　대해선 프랑스의 철학자 장·보당(Jean bodin : 1530~1597)이 1580년에 쓴 《마녀론》에 자세히 수록되어 있다. 그에 의하면 ①신을 부정한다. ② 신을 저주하고 모독한다. ③ 악마를 숭배하고 희생을 바침으로서 악마를 찬양한다. ④ 어린이를 악마에 바친다. ⑤ 미세례의 어린이를 죽인다. ⑥ 태아일 때 악마에 바친다는 약속을 한다. ⑦ 악마교를 크게 선전한다. ⑧ 악마를 두고서 한 맹세를 존중한다. ⑨ 근친 상간을 한다. ⑩ 남녀노소를 불문하고 죽여 수프를 만든다. ⑪ 시체를 파내어 고기를 먹고 피를 마신다. ⑫ 독약이나 주문에 의해 사람을 죽인다. ⑬ 가축을 죽인다. ⑭ 농지를 불모로 만들고 흉년을 가져 온다. ⑮ 악마와 성교한다.

　이상의 내용중 앞에서 나온 민속적 마녀와 중복되는 점도 있지만, 전체적으로 신의 부정 또는 모독을 하며 악마를 대신 받들고 무고한 영아를 제물로 바친다는 특징이 있다.

　이렇듯 피비린내 나는 악마 숭배, 즉 반교회적인 기독교의 패러디가 있고 그것은 곧잘 흑미사라고 일컬어지는 것과 같은 음행, 잔인함을 일삼는 형태를 취한다.

　모든 게 성스런 '10계'에 어긋나는 행위이고 마녀의 입문식에 흔히 그려져 있는 '치욕의 입맞춤' 곧 악마의 엉덩이에 키스를 하는 일까지

하는 것이었다.

'이단 심문'에 대해선 나중에 설명하겠지만 '마녀 사냥'등 금지와 탄압이 시작되자, 이번에는 오히려 그것과는 반대로 '흑미사'를 중심으로 한 요술이 성행되었다.

이는 주로 상류 계급에 퍼지고 영국은 16세기의 월터·로오리 등의 '스쿨·오브·나이트'며 엘리자베드 여왕의 고문 존·디, 18세기의 '지옥의 불클럽' 등이 있으나 특히 프랑스의 궁정에서 요술이 큰 힘을 나타냈다.

즉 루이 14세의 애인 몽떼스빵(Montespan,du : 1641~1707)이 후작 부인이 총애를 잃었을 때 어떻게든지 왕의 마음을 돌이키려고 '흑미사'를 올렸다.

흑미사는 패러다이므로 모든게 거꾸로, 모독적으로 행해졌다. 제단의 십자가는 거꾸로 세워지고 향료로 부터는 마약의 연기가 피어 오른다.

참가자는 모두 나체로서 동물의 가면을 썼고 사제는 검은 망또를 두른다. 기도문은 모두 거꾸로 외워지고 제단 위에 나체의 처녀가 누워 있는데 손에는 인간의 비게로 만든 촛불이 들려지고 교회에서 훔쳐 온 성체(聖體)가 바닥에 아무렇게나 뿌려진다. 이윽고 사제는 갓난애를 손에 들고 여자의 배 위에서 그 목젓을 따고 콸콸 쏟아지는 피를 잔에 받아 먼저 자기가 조금 마시고 나머지는 참석자에게 끼얹는다. 그리고 마지막에는 난교(亂交)로 마무리 하는 것이다.

흑미사의 비밀 의식에 관해서는 프랑스의 작가 위스망스(Huysmans, Joris-kar)의 소설《저편》La bas(1891)에서도 자세하게 기록되어 있다.

위스망스는 15세기 최대의 기인(奇人)으로서 예술가였던 질·드·레에 원수를 소재로 한 책을 쓰려고 했다.

레에 원수는 수십명의 여자들을 무참히 죽였다는 역시 소설《푸른 수염》의 모델이라 일컫는 인물로서 그의 행적에는 많은 수수께끼가 있었던 것이다.]

근대 마법의 계보

이제까지의 이야기로 마법의 전례에 관해 얼마쯤 이해가 되셨습니까? 그럼 여기서 오늘날의 여러 외국의 마법과 전례의 흐름에 관해 조금 언급하도록 하자.

근대 마법의 창시자이고 위대한 마술사였던 엘파스·레뷔(1810~75)는 그의《고등마술의 교리와 의식》* 속에서 마술사에 관해 이렇게 말한다.

'성스런 지배력, 곧 마술사로서의 권력과 지식을 획득하기 위해서는 네가지의 빼놓을 수 없는 조건이 있다. 그것은 연구에 의해 얻어지는 지성, 무엇에도 저지되지 않는 용기, 누구로부터도 방해되지 않는 의지, 그리하여 타락과 도취를 회피하는 조심스러움이다. 아는 일, 용감하다는 것, 의지력이 있다는 것, 침묵을 지키는 일 —— 이것이야말로 마술사의 4원칙이라 하겠다.'

오늘날에도 이 4원칙은 결코 낡지는 않았다. 마술사는 항상 이 점에 유의하지 않으면 안 되는 것이다.

레뷔가 세상을 떠난 뒤 1887년 영국에서 근대 마술의 실천난체 '고울든 도언'(golden dawn : 황금의 새벽)이 설립되었다.

설립자는 S·L·매크레거·메이저스이다. 이 마법 결사는 유명한 신비작가인 에이쓰(1865~1939), 마켄, 브랙우드 등을 비롯하여 나중에 근대 마술의 어머니라 일컬어진 다이언·포오춘 등 쟁쟁한 멤버들이 있었다.
　여기선 마법이 학구적으로 논해졌고 마법의 존재성이 확립되었다. 또한 타로트 카드에 관해서도 전문적인 연구가 이루어졌던 것이다.
　그러나 뛰어난 사람들의 이 마법 단체도 예의 악명 높은 알레이스터 크로울리(1875～1949)의 입회에 의해 쇠퇴되었다.
　알레이스터 크로울리는 스스로를 '짐승'이라고 부를 만큼의 타락된 흑마술사이고, 결코 마법을 크나큰 기능이라고는 생각지 않았다.
　오늘날 유럽에서 마술사가 아직도 백안시되는 이유는 크로울리의 악한 짓에서 비롯되는 바가 적지 않다. 그는 저 독재자 뭇솔리니가 놀랄만큼의 피와 음탕한 흑미사를 감행했다고 한다.
　《황금의 새벽》이 쇠퇴할 무렵에 입회한 다이언 포오춘은 이미 껍질뿐인 이 단체에 실망하고 스스로 '내부의 빛'이라는 단체를 조직했다.
　그녀는 크로울리의 흑마술에 대해 '황금의 새벽' 창립의 취지를 살려 백마술로써 세상에 마법의 건재를 과시했던 것이다.
　단독으로 활약한 마술사로서는 제럴드·B·가드너가 있다. 그녀는 《Wichcraft Today》등의 책을 저술했고, 마술을 하나의 종교로써 체계화 하려고 했다. 오늘날 잉글랜드 서부에 있는 맨 섬에 그가 남긴 마술박물관이 있다.
　1964년 스스로 마법계의 '교황'이라고 가칭한 가드너가 죽자 영국의 마법계는 주도권 싸움이 격렬해졌다. 왜냐하면 가드너가 '교황'이라 자칭하는 것을 묵인하고 있었던 전 영국의 마법사가 그가 자기의 죽음과 동시에 맨 섬의 박물관과 '교황'의 지위를 유산으로써 유족에게 물려 주고 모든 일에 불만을 가졌기 때문이다.

마법박물관에 대해선 도리가 없다 하더라도 마법계의 제왕 자리는 세습될 수 없으며 그것에 어울리는 마법사가 계승해야 한다고 생각되기 때문이었다.

그 중에서 재빨리 나선 것이 '마술사의 왕'이라고 자칭하며 등장한 알렉스·선더스였다. 그는 오칼트 붐을 타고서 온갖 화제를 매스콤에 제공했다. 그러나 그의 마법은 너무나 쇼에 가까운 요소가 강했기 때문에 이름이나 파는 무리라며 진지한 마법사들이 모두 싫어했다.

1975년 그런 알렉스 선더스도 세상을 떠났다.

오늘날의 영국 마법계는 수백에 이르는 마법 집단이 옥석(玉石)이 뒤죽박죽으로 뒤섞여 있는 상태로 존재하고 각각 자파의 확대에 힘을 기울이고 있다.

아메리카에선 동해안과 서해안에서 마법의 경향이 다소 다르지만 오늘날 가장 유명한 악마주의자는 샌프란시스코의 악마교회의 주인 안톤·선더스이다.

오늘날의 세속적인 마녀[wicca라 부르고 여성뿐 아니라 남성도 이속에 포함됨]의 사이에서 그 교과서가 되어 있는《The Book of shadows》의 교리에 의하면, 위카가 되는 데는 여덟가지 체험을 해야만 한다는 것으로 되어 있다.

그 체험에는 가드너식의 성적인 동작이 포함되어 있지만 여기서 그것을 흥미 본위로 소개할 필요를 느끼지 않는다.

다만 여기서 예든 사람들은 어쩌다가 세상에 이름이 알려진 마술사이고, 정말로 흰 마법을 연구하고 실천하는 사람들은 그 외에도 많은 것이다.

＊[마녀 witch라는 말은 본래 남성도 포함하지만 여성이 숫적으로 남성을 훨씬 웃돌고 있었다. 왜냐하면 여성쪽이 초자연적 능력을 갖기 쉽고 또한 악에의 유혹에 빠지기 쉽다고 생각되었기 때문이다.

성경에도 '엔도의 마녀'라는 게 등장하지만, 이 여자는 무술사였었다. 주술·무술 등은 미개사회에서 고금동서를 불문하고 발견되는 것이지만, 유럽에서 이런 것이 반사회적이라며 규탄의 대상이 된 것은 교회가 그 위협을 느끼게 되었을 때 였었다.

그 역사는 오래이지만, 교회가 참으로 위협을 느낀 것은 '이단사상'이고 특히 12세기의 남프랑스에서 이원론(二元論)을 신봉하는 아르비파나 바르도파가 출현한 일이었다.

그들에 대한 탄압은 치열했지만 뿌리가 뽑히지 않아 마침내 1233년 교황 글레고리우스 9세는 '이단심문소'를 설립하여 철저한 섬멸에 나섰다.

그중 스페인이 가장 심하여 8천명을 화형에 처했다는 기록이 있지만, 영국을 제외한 유럽 전역에서 종교재판소는 대활약을 했다.

14세기에 이르러 '성당기사단'을 이단으로써 선명하는 등 탄압은 다년간에 걸쳐 계속되지만, 이윽고 그 창끝은 마녀에게 돌려졌던 것이다.

'마녀 사냥'은 1318년 요하네스 22세에 의해 시작되고, 탄압에 나섰다. 그 배경은 교황과 국왕의 권력 다툼이나 거듭되는 흑사병(페스트)의 만연과 같은 사회 불안이었고, 위정자는 그 책임을 마녀나 유태인에게 뒤집어 씌웠던 것이다.

1431년 장느·다르크가 이단심문을 받고 마녀로써 화형된 것도 이런 정치적 책략이 배후에 있었다고 생각된다. 이런 마녀 사냥을 더욱 부채질한 것은 1484년 인노켄티이우스 8세의 교서로서 '많은 남녀가 가톨릭 신앙에서 벗어나 악마와 성교하고 요술에 의해 재해를 가져 오고 있다'는 결정을 내렸기 때문이었다.

마녀 사냥의 근거가 된 것은 '출애굽기' 제22장 제18절의 '너는 무당(마녀)을 살려 두지 말지니라'로서, 1956년에 출판된 펜슨·호프의 《요술》에 의하면 불로 태워 죽인 마녀의 수는 놀랍게도 9백만에 이른다고 한다.

중세에 있어 어떤 의미로 좀더 가열된 마녀 사냥이 펼쳐진 것은 종교 개혁의 후기, 16세기 말부터 17세기에 걸쳐서이다. 스코틀랜드왕 제임즈 6세는 가톨릭과 프로테스탄트의 항쟁 소용돌이 속에서 성장하며 독살·암살 등의 공포 속에서 떨었고 그 자신 스스로 마녀 재판의 재판장으로 용의자를 고문하여 왕의 원수 보즈웰 백작의 의뢰로 왕을 요술로서 죽이려 했다는 것을 자백했다.

이때문에 그는 요술의 존재를 확신했고, 1597년 스스로 《악마론》이란 소책자를 저술했다. 그 내용은 제1부 마력, 제2부 요술, 제3부 악령으로 되어 있고, 악마와 그 부하인 마녀의 실재와 행위를 상세히 기술하고 풍부한 성서의 지식에 의해 그것이 이단임을 입증했다.

제임즈 6세는 이윽고 1604년 영국의 왕 제임즈 1세가 되지만 그 영향은 더욱 파급되었던 것이다. 셰익스피어의 《맥베드》(1609), 벤 존슨의 《여왕들의 가면극》(1609), 토머스 미들톤의 《마녀》(1604) 등에 마녀가 등장하는 것도 그 시대상을 명백히 말해 준다.

마녀 사냥은 신대륙 아메리카에도 불똥이 튀어 1692년 매서추세츠주 세이렘에서 불길이 올랐다. 당시 아메리카의 뉴잉글랜드는 사회가 어수선하고 언제 전란이 일어날지 모를 상황이었다.

또 광신적인 청교도에게 있어선 악마와의 연대는 신에의 반역임과 동시에 신정(神政)을 표방하는 식민지로선 정부에 대한 반역이었다.
 일의 시작은 사뮤엘 팰리스라는 목사관에 고용된 서인도 제도 바르도스 출신의 칩파라는 여성에 관계되는 것이었다. 팰리스 목사의 딸 엘리자베드와 그 사촌 아비게일·윌리엄즈는 사춘기에 들어서려는 소녀로서 때때로 울든가 경련을 일으켰다.
 칩바는 이것을 고쳐 주기 위해 고향에서 배운 주문을 외든가 '마녀의 케이크'를 만들어 주었는데 이것이 빌미가 되었다. 이웃 여자들이 칩바의 행위를 요술이라고 떠들었던 것이다.
 법정에서 칩바는 자기 죄를 모면하려고 이웃사람의 분신령(分身靈)이 소녀들을 악마에게 팔아 넘기려 했다고 증언했다. 소녀들도 장난으로 시작한 일이 본격적 재판이 되자 놀라 그 죄를 이웃 사람에게 떠넘겼고 그 이름을 댔다. 즉 흑인 노예 칩바, 담배를 피우는 걸인 사라·굿, 세번 결혼한 불구자 사라·오즈본 등이 그 가엾은 희생자의 이름이었다.
 마녀 재판에선 용의자나 공범자의 이름을 자백하지 않으면 죄를 벗어날 수 없게 되어 있는 것이다. 이리하여 마녀 사냥은 확대되고 1693년 교수형에 처해진 자가 19명, 고문에 의해 죽은 자가 1명, 옥사한 자가 2명에 이르렀고 이듬해에는 백 명이 넘는 사람이 옥에 갇히는 비운이 계속되었다.
 이것은 당시의 석학 고튼·마더가 《불가시(不可視) 세계의 경이》(1693)란 저서를 발표하고 있지만, 마녀 사냥은 이성의 시대인 18세기에 접어들면서 그 자취를 감추었고, 그 때신 앞에서도 말했듯이 귀족들 사이에서 '흑미사'가 유행되었던 것이다.]

커리큘럼 9

빙의 현상(憑依現像)

영이란 부유 에네르기체이다

　오늘날의 과학으로선 '예, 이것이 영혼입니다.'하고 핀셋으로 집어 보일 수 있는 것은 아직 존재하지 않는다. 다만 갖가지 강령술(강신)의 실험이나 어떤 유의 전파 측정기로 계측함으로서 그 존재를 알 뿐이다.
　'명확히 실증하지 못하는 이상 영의 존재를 인정하기 어렵다'고 하는 의견이 있다면, 그것도 오늘날의 단계로선 인정하지 않을 수 없다. 그러나 상황은 틀리지만, 이렇게 생각하면 이야기는 간단히 이해되리라고 믿는다.
　예를 들어 태양으로부터 방사되는 우주선은 쉴새없이 우리들의 지구에 쏟아지고 있으며 동시에 우리들의 신체를 투과(透過)하고 있다. 그럼에도 불구하고 우리들은 그것을 본 적도 없고 직접으로는 지각한 일도 없다.
　그런데도 우주신의 존재는 과학적으로 실증되고 있는 것이다. 더욱이 동식물에 대한 그 물리적 영향은 소비에트의 임상 실험을 비롯하여 각국 과학진의 연구에 의해 증명되고 있다.
　처음에 미리 말했던 것처럼 우주선과 영은 전혀 별개의 것이지만 불가시(不可視), 무지각(無知覺)한 것이 존재하고 그것은 육체를 자유롭게 투과하며, 또한 무언가의 물리적 영향을 준다는 점에서 비슷하다.
 영이란 그러한 존재라고 생각해 주기 바란다. 일반적으로 영은 볼 수가 없지만 우주선이 인체에 영향을 주듯이 인간의 정신에 영향을 준다.
 영성(靈性)이 높다면 정신은 고결해진다. 또한 고결한 정신을 깨어나게 하면 동시에 여성은 높아진다고 생각되는 것이다. 거꾸로 생각하면, 남이 모른다 해서 못된 짓을 하면 영성은 현저히 낮아지는 것이다. 그러므로 인간에 있어서의 정신과 영혼이란 깊은 관련을 갖게 된다.
 그렇다면 일단 영혼이라는 것은 우주의 저편으로부터 보내져 오는 우주선과 같은 것이라 가정하고서, 그 실제적인 활동 상황을 조사해 보기로 하자.
 육체가 일체의 생활 반응을 정지하고 죽음이 찾아오면, 영은 부득이 그 육체를 떠난다. 혹은 영혼이 육체를 완전히 떠나자마자 본격적인 죽음이 찾아오게 된다.
 아무튼 육체를 떠난 영은 영이 모이는 세계 곧 영계에로 돌아간다. 이세상에서의 소임을 마친 영혼은 무대를 내려온 배우처럼 분장실로 돌아가리라.
 그런 분장실 혹은 배우 대기실을 영계라고 하는 것이다. 영계에 들어간 영혼은 우주의 대윤회 섭리에 의해 다시 이세상에 회귀(回歸)하기까지 그곳에서 대기해야만 한다.
 그런데 개중에는 육체와 분리되고도 곧바로 영계에 갈 수 없는 영혼이란 게 있다. 이세상에 너무도 많은 미련, 집착을 갖든가 깊은 원한을 갖든가 하면 이륙이 잘 안 되는지 영의 세계에로 쉽게 점프하지 못하는 모양이다.
 그러한 영은 생명계와 영계의 중간에 있는 유계란 곳에서 갈팡질팡 한다고 한다. 흔히 말하는 귀신이나 유령 등은 이런 유계에서 부유하는 어설픈 영의 짓이다.

유계에 머물지 않을 수 없는 영은 무언가의 형태로 그 의사표시를 하고 싶어하는 법이라고 생각된다. 왜냐하면 영은 우주선적 존재임과 동시에 그것 자체가 일종의 부유 에네르기체라고 생각되기 때문이다.

영이 불안정하게 부유하는 에네르기이고 보면 핀셋 끝으로 움켜쥘 수는 없다 하여도 무언가의 방법으로 그 존재를 규명할 수는 없을까 —— 나는 이렇게 생각했다.

왜냐하면 세상에는 '예감'이나 '유령집'이 99퍼센트의 착각이나 엉터리 이외의 곳에서 존재하고, 내 자신 수련 결과 영의 낌새를 느낄 수 있게 되었기 때문이다. 어쩐지 영은 있는 듯 싶다.

그러나 내가 '느껴진다'고 해보았자 그것은 어디까지나 주관적인 것으로서 실증적은 아니다. 영의 존재를 추구하는데는 아무래도 부족된 점이 많다.

어떻게든지 영의 존재를 일종의 부유 에네르기체로써 포착할 수는 없는 것일까? 내가 마법의 훈련을 쌓고 있어도 순수 물리학자는 아니므로 이같은 방법으로 영의 존재를 실증한다는 문제에 적지않게 애를 먹었다.

그런 것을 생각하던 어느날, 대학에서 물리학을 전공한 친구에게 이런 이야기를 들었다. 그것은 때마침 염사(念寫) 이야기를 하고 있을 때에 문득 나온 것이다.

그는 현대 물리학의 최고봉에서 배우고 귀신이나 유령의 존재 따위는 조금도 믿는 인간이 아니다. 영혼의 존재 등은 종교론의 한 분야라고 생각하며 때마침 그때 화제가 되고 있던 후쿠라이 박사의 염사 실험만 하여도 다분히 회의적인 기분이 강했다.

다만 그의 좋은 점은 무엇보다도 물리학적인 정직함이고 사물에 대해 진지한 태도로 임한다는 것이었다. 이러한 인물은 이상하게 머리가 굳어져 버린 영능자나 종교가보다도 훨씬 신용할만 하다.

(이하 A는 그, B는 나임)

A "확실히 염사라는 현상이 실제로 있다고 하면, 그것은 자네가 말하듯이 사념의 힘이 염파이건 무엇인가의 사념 에네르기가 되어 존재할테지.

다만 나는 아직 실험한 일도 없고 실제로 본 일도 없으므로 뭐라고 말할 수는 없네."

B "나라고 해서 지금까지 촬영된 염사 모두가 진짜라고는 생각지 않아. 하지만 염사는 컨디션이 좋을 때는 나도 할 수 있어. 하기야 음화지에 휙 빛이 달린다는 정도로서 문자나 인물이 찍힌 적은 없지만."

A "딴은, 하지만 자네로서 할 수 있다는 것은 나로서도 할 수 있다는 것이겠군."

B "글쎄, 그것은."

A "왜지?"

B "왜냐하면 반신반의 하고서 한다면 잘 될지 어떨지 몰라."

A "그것은 그렇다 하고서 음화지가 감광한다 하는 것은 그런대로 원인이 있는 셈이다. 예를 들어 X선 같은 것이라고 하면 밀폐해 둔 음화지라도 감광되며, 최근의 필름은 온도에도 민감하게 반응하니까 말야."

B "그렇다면 무언지 확실치는 않더라도 무언가의 빛이든 온도의 에네르기가 작용하면 그와 같은 염사 비슷한 일이 있을 수 있단 말이지."

A "이론적으로는……"

B "으음. 그렇다면 예를 들어 영혼, 간단히 말해서 유령같은 것도 보통은 보이기 힘든 에네르기체로서 그것이 어쩌다가 무언가의 계기로 보인다는 일도 있을 수 있는 셈이다."

A "난폭한 이론이지만, 유령이 에네르기체라면 혹시 필름에 감광될지도 모르지. 아무튼 요즘의 필름은 정말로 감도가 좋으니까. 특히 그런 것에는 폴라로이드 카메라를 사용하면 좋다. 폴라로이드의 필름은 그야말로 고감도이니까."

나는 일찌기 인간으로부터 나오는 오러라 일컬어지는 어떤 유의 정기체(精氣體)가 사진에 찍힌 것을 본 적이 있음을 생각해 냈다.

오러라는 것은 온갖 생명체로부터 발산하는 일반적으로는 볼 수 없는 광체(光體)이고, 그 생명체의 육체적, 영적인 상황을 밖으로 향해 방사하고 있는 미립자라고 생각된다.

알기쉽게 말해서 그리스도를 비롯하여 12성도들 머리 위에 찬란히 빛나는 빛의 고리며, 동양의 신불 등에서 빛나는 '광배'(光背)라고 일컫는 것들이 오러이다.

더욱 쉽게 풀이한다면 오러란 그 생명체가 발하는 그 시점에 있어서의 '분위기'라고 해석해도 좋다.

마술사 곧 오칼티스트는 독특한 훈련을 쌓음으로서 오러를 볼 수 있게 된다. 물론 마술사가 아니더라도 어떤 유의 히스테리 환자나 오러 안경을 사용하는 사람은 오러를 볼 수가 있다.

내가 어렸을 때 장날이나 축제일에 노점에서 '투시 안경' 이라 하여 극히 원시적 구조의 오러 안경 비슷한 것을 팔곤 했었다.

아마 30세 이상의 독자 중에는 기억에 있는 분도 있으리라. 어쨌든 오러라는 불가시적 정기체가 사진에 찍혀 있는 것이다.

아마도 어떤 유의 조건이 충족되면 오러는 필름에 감광하는 것이리라. 그렇다면 친구가 말하듯 영도 필름에 감광할 게 아닌가.

영을 사진으로 찍다!?

영의 사진을 찍어 보자 —— 나는 이렇게 마음 먹었다. 다행히도 나는 훈련에 의해 영(생명체로부터 분리된 영적 에네르기)의 낌새를 느낄 수가 있다.

그러므로 낌새를 느꼈을 때에 그곳을 향해 셔터를 누르면 무언가 그것 비슷한 것이 찍혀 있을지도 모른다.

나는 곧 실험에 착수했다. 먼저 카메라에 상당히 고감도의 필름을 넣어두고 언제라도 셔터를 누를 수 있게 해 둔다. 그리하여 여차할 때에 촬영하겠다는 작전이다.

그러나 유감이지만 작전은 어느 것이나 실패로 끝났다. 왜냐하면 영의 낌새를 느끼는 것과 카메라의 셔터를 누르는 것과의 타이밍이 무지무지하게 어렵고 TV · CM에 나오는 카메라의 광고마냥 좀처럼 저스트 타이밍을 잡을 수가 없었다.

한번은 나고야의 일류 호텔 싱글 룸에서 꽤나 좋은 타이밍을 포착한 일이 있었지만, 이때는 카메라의 노출계가 고장을 일으켜 셔터가 떨어지지 않았다.

놓친 고기는 크다고, 지금도 원망스럽다. 그때는 막연한 에네르기체라는 것이 아니고 영이 상화(像化) 현상을 시작하고 있었으므로 더욱 분하다.

그 영은 분명히 노파의 모습을 점차로 형성하려 하고 있었다. 웬지 손에는 호텔의 청소용 걸레를 쥐고 있었는데 그것이 기묘하게 인상에 남아 있다. 이는 단연코 내 눈의 착각도 아니고 망상도 아니다. 실제로 이러한 일이 크고 작은 것을 합쳐 몇 번인지 있었던 것이다.

이윽고 나는 체험적으로, 영적 에네르기라 하는 것은 어떤 조건아래 있어서는 일정한 장소에 모이기 쉽다는 것을 알게 되었다. '귀신집'이라는 게 존재하는 것은 그 집이나 방에 집착한 영이 머물러 있기 때문이라고 생각된다.

바로 그 무렵 나에게 솔깃해지는 정보가 들어 왔다. 그것은 현재 '에노시마' 근처에서 수의사(獸醫師)로 있는 분이 있고 그 분의 뢴트겐 옆에 영이 곧잘 모인다는 것이었다.

물론 직업상 모이는 영은 동물령 뿐인데 플로라이드 카메라를 사용하면 동물의 모습이 엄연하게 찍여 있다는 것이다.

나는 곧 에노시마로 달려갔음은 물론이다. 그곳에서 나는 나의 두 눈으로 영의 사진을 볼 수가 있었다. 그로부터 훈련에 의한 폴로라이드 카메라로 찍은 사진을 보면, 그 촬영한 사람의 오러가 차츰 보이게 되었다.

역시 아무래도 영이라는 것은 존재하는 것도 같다.

악령이란 악의 정기체(精氣體)

당신은 '악령'이란 것이 있음을 믿습니까?

믿는 사람, 믿지 않는 사람. 갖가지라고 생각한다. 또한 형체가 되어 눈에 보이면 믿는다는 사람도 있으리라.

오늘날의 실증 과학은 숱한 미신이나 신비적이라고 여겨졌던 속임수를 백일하에 드러내 보였다. 덕분에 인간은 부질없이 암흑의 어둠을 두려워 하지 않아도 되게 되었다.

다만 동시에 본디 보여야 할 것을 보이지 않게 하고만 것도 과학의 공죄(功罪)이다.

실증할 수 없는 것은 무엇이고 없는 것이다, 즉 의심스러우면 벌하지 않는다 하는 사상은 무고한 죄로 우는 사람을 구하기는 했지만, 또한 그 반면 교활한 지혜를 갖고 큰 죄를 저지르는 자의 커다란 보호막이 되었다.

실증할 수 없는 것은 존재 않는다 하는 것은, 실증은 할 수 없지만 존재하는 것을 '존재않는다' 하여 묵살하는 것이기도 하다.

실증주의가 진보되면 어둠이 해명되는 부분은 더욱 커질테지만, 동시에 '밝음'과 '어둠'의 차는 더욱 더 뚜렷해지고 어둠은 끝모를 암흑으로 지배되리라.

실증은 할 수 없지만 존재하는 것이 살아있는 공간 즉 이 칠흑의 어둠이야말로 악령이 날뛰는 세계이고, 악덕이 판치는 영역이다. 좋다, 그럼 당신에게 '영'의 존재를 확인시켜 주자. 그러나 그 전에 여기서는 악령에 관해 간단히 언급해 두자.

악령이란 나쁜 마음이 응고되고 그것이 하나의 에네르기가 되어 방사되며, 다시 그러한 방사능이 모여 형성된 악의 정기체이다.

악의 이런 정기체에는 이미 죽은 사람의 것도 있는가 하면 아직 살아 있는 사람의 것도 있다. 이를테면 악의 사령(死靈), 생령(生靈)이다.

　악령은 어디에나 존재하고 있어 인간이 나쁜 마음을 일으키면 그 마음이 방사하는 주파수와 동조하면서 그 인간이나 환경을 서서히 에워싸는 것이다.

　악의 생령은 그런 악한 마음을 일으킨 당사자의 목적을 달성하기 위한 '염'의 힘이 강하므로, 그 목적이 달성되면 일단 소멸한다고 생각된다. 다만 악의 생령을 영계(혹은 유계)에 놓아주는 것은 본인의 영위(靈位)를 두드러지게 상처입히고 좋은 지도령이나 수호령의 설 곳을 잃게 만든다. 그러므로 인간으로서의 자질을 한없이 저하시키는 게 당연하다.

　또한 이런 악의 생령에 사로잡힌 인간과 사귀면 그 악령에 이쪽도 붙잡히기 쉽다. 끼리 끼리 친구가 되는 것과 같다.

　그러나 악의 생령은 그래도 소멸이 빠르므로 괜찮은 편이다. 악의 사령일 때는 그렇지가 않다. 악의 사령은 죽은 사람의 원한이 정화되지 않은 채 공중에 방사된 에네르기가 되어 머물러 있는 것이다.

　그러므로 마음이 가난해지면 그것은 누구라고 가릴 것 없이 들러붙어 나쁜 짓을 부추기든가 불상사를 일으키든가 한다. 또한 이런 악령은 특정의 환경에 고착되어 있어 그 고착된 장소에 있는 인간에게 작용하는 경우가 있다.

　옛날 이야기에 나오는 걸신이나 사신(死神)도 이런 유의 것이라 생각하면 틀림없다. 도깨비 집이라 일컬어지는 것도 이런 고착된 영이 붙어 있기 때문이다.

　물론 유령 소동의 90퍼센트까지는 아무것도 아닌 일이 많기는 하지만. 어쨌든 이것으로 악령이란 것에 관해 당신도 간단한 개념은 파악되리라고 믿는다. 마술사는 용기를 갖고서 악령과 대결해야 한다.

악마 몰아내기 —— 그 이론과 실제

마술사는 그 연성된 초능력을 갖고서 악마나 악령과 대결하고 이것을 이겨야 한다.

악마라는 것은 몇 번이고 말하지만 인간의 의식이 만들어낸 욕망의 상징이고 인간을 악의 길로 유혹하는 길잡이다. 그러므로 자기 자신이 청렴하고 고매한 정신을 갖고 있기만 하면 별로 무서워할 것도 없다. 속임수로 질서를 어지럽히고 에고이스틱한 출세를 바라지 않는다면 악마는 그 속삭일 상대를 잃고 마는 것이다.

그러므로 흔히 말하는 귀신들림이라는 것은 악마의 이름을 사칭하는 악령이 인간에게 들러붙은 현상이라고 생각해도 좋다.

빙의(憑依) 현상에 관해선 다음에 설명할 것이므로 여기선 악마붙음, 곧 악령이 들러붙은 사람에 대한 악마 몰아내기 방법을 말하자.

악마는 타락 천사 루시펠을 비롯하여 베르제브브, 루비아탄, 아스모테우스, 바르베리스, 아스타로트, 벨리느, 글레시르, 소네이론 등 제1 클라스의 것만 들어도 이만큼이나 있고 그것이 제3 클라스, 제16계급까지 이어지는 것이다.

그 부하인 소악마까지 포함하면 억이라는 숫자가 되리라. 그것이 하나씩 이름을 갖고 있는 것이므로 아무리 연성을 쌓은 마술사라도 이를 전부 기억하지는 못한다.

그래서 일반적으로는 빙의(들러붙은)된 악마가 누구인지 이름을 말하게 하고 만일 그 이름이 유명한 악마가 아니라면, 그 속하는 우두머리의 이름을 알아내는 것이다. 그런 다음에 족장과 교섭하면 문제는 쉽게 풀린다.

하기야 시시한 소악마라면 마술사가 악마 몰아내기를 하러 온다고 알기만 해도 빙의한 인간으로부터 달아나는 일이 자주 있다.

기독교 사회의 악마라면 영화 「엑소시스트」에서 낯익은 성수나 십자가로서 효과를 얻을 수 있으리라.

다만 이것은 기독교 사회의 악마로서 동양사람인 우리들로선 낯이 설다.

일본에는 옛날부터 여우에 홀린 사람 등이 있고 많은 경우 불교를 믿는 행자(도사)가 독경으로서 빙의된 것을 내쫓았다. [우리나라의 액막이, 봉사가 옥추경을 읽고 귀신을 내몰았다]. 이런 불교를 믿는 행자는 일본의 엑소시스트라고 할 수 있으리라.

그러나 서양이든 동양이든 악마 빙의의 경우는 돌발성 히스테리에서 비롯된 일이 많고 어느 쪽인가 하면 신경증의 환자이다. 그러므로 악마나 여우에 홀렸다고 해서 그 사람에게 등명(燈明 : 신주 앞에 커놓는 등잔불)의 등유를 먹이든가 연기로 몰아내려고 하는 것은 그야말로 폭거라고 할 수밖에 없다. 그런 것으로서 악마나 여우가 물러난다면 물론 다른 방법으로도 충분하리라.

이제부터 설명하는 방법은 악마 몰아내기의 준비단계라고 할 수 있는 것인데 실제로는 더위를 먹었을 때나 이완된 정신

<그림 7> 악마의 퇴치방법

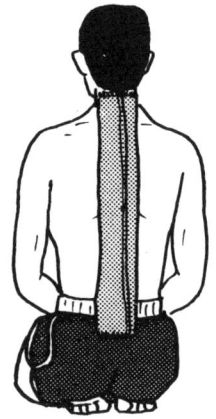

등줄기에 젖은 물수건을 댄다

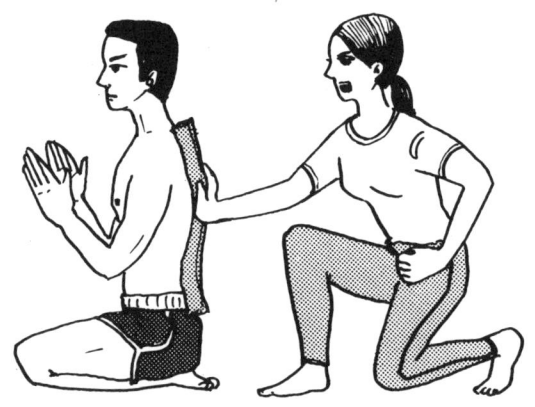

기합을 넣도록 부탁하면서 손바닥을 때린다

을 긴장시키는데 효과가 있다. 오늘은 정신을 차려야겠다고 싶을 때 시험해 보는 게 어떨까.

먼저 목욕한 뒤 마루에 정좌한다. 정식으로는 마법 제단 등이 있어야겠지만 지금은 그럴 필요는 없으리라. 다음엔 냉수를 적신 타월을 띠 모양으로 하여 뒷덜미로부터 등뼈를 따라 허리까지 늘어뜨린다.

다음엔 옆에 있는 누군가에게 좌우의 견갑골로부터 조금 아래인 등뼈에 오른손바닥을 대개 하고, 조금 힘을 주며 '엿' 하는 기합을 가하도록 한다.

이때 본인은 등뒤의 사람의 기합과 호흡을 맞추듯이 크게 박장(손뼉을 침)하는 것이다.

처음에는 호흡이 맞지 않지만, 조금 연습하면 곧 요령을 알게 된다. 손뼉을 세 번 칠 무렵에는 기분이 맑아지면서 불쾌감이 사라진다. 잡생각이나 게으른 생각이 불식됨과 동시에 악령도 있을 곳을 잃게 되는 것이다.

본격적인 악령 몰아내기는 이것을 도입부로 하여 드디어 빙의된 사람의 내부에 파고 들어가는 것인데, 어느 경우라도 서투른 실행은 좋지 않다.

이제부터 앞으로는 연성을 쌓은 전문인에게 맡기는 편이 좋다. 섣불리 덤벼들면 시술자가 악령에게 빙의되는 경우가 있기 때문이다.

물론 당신이 마술사로서의 훈련을 쌓고 악령아닌 탐욕스런 영에게 사로잡힌 가엾은 망자의 눈을 뜨게 해주려고 진지하게 생각한다면, 나는 당신을 현대의 엑소시스트로 해줄 수가 있다.

또한 당신 자신이 현대의 즉물적(即物的)이고 짜증스런

세계로부터 탈출하고 싶다고 생각한다면 얼마쯤 손을 잡아 인도해 주어도 좋다. 어쨌든 악령이나 하등의 동물령 등에 빙의되지 않는 체질을 만드는 게 중요하다.

빙의 현상은 헤스테리 증상은 아니다

영의 이야기가 여기까지 오게 되면 아무래도 언급해야 할 테에마에 부딪친다. 다름아닌 빙의 현상이다.

빙의 현상은 알기 쉽게 말하면 무언가의 영이 무언가의 이유로 어떤 개인에게 들러붙는 상태를 말한다. 일본에서는 여우나 견신(犬神)이 들러붙는다 하고, 성경에선 '마귀가 역사한다'고 한다.

옛날에는 문자 그대로 무언가의 영이 어떤 사람에게 붙는다고 생각되었으며, 또 그런 현상은 대대로 유전된다고 여겨졌다.

왜냐하면 빙의 현상은 다분히 감염성이 있고 어떤 유의 분위기나 상황 속에 있으면 영감 체질이 있는 자는 들리는 일이 있기 때문이었다. 더욱이 무언가에 빙의된 사람은 아주 충실하게 그 빙의한 것의 형상(形狀)을 흉내낸다.

예를 들어 여우에 홀렸다면(여우귀신이 들러붙었다면) 여우와 거의 같은 상태가 되어 주위를 깡총깡총 뛰어다닌다.

보통인 사람의 눈으로 보면 참으로 기이한 광경이라고 할 수 밖에 없다. 그야말로 거기에 있는 것은 인간의 모습을 한 여우이다.

많은 사람들이 여우나 견신이 들러붙은 사람의 집을 조롱거리로 삼은 것도 이해가 된다.

다만 오늘날엔 빙의 현상을 단순한 영의 빙의라고는 생각지 않고 일종의 히스테리성 발작이라고 생각하게 되었다.

왜냐하면 최면술 등을 시술함으로서 인공적으로 빙의 현상을 일으키는 것이 가능하고, 또한 여우홀림 등의 빙의 과정을 과학적으로 연구해 보면 자연 발생직인 무언가의 순간 최면술이 걸려 있거나 하는 경우가 많기 때문이다.

만일 모든 빙의 현상이 어떤 유의 상황 아래서 나타나는 히스테리성 발작이 원인이라고 하면, 현대 정신병리학은 빙의 현상을 명확히 분석하고 치료법을 찾아낼 수 있으리라.

사실 여우나 견신에 빙의된 사람의 치료는 그와 같은 근거에 의거하여 실시되고 있다. 하지만 빙의 현상을 히스테리 발작이나 정신 착란으로만 단정해 버리기에는 아무래도 석연찮은 부분이 있다. 왜냐하면 빙령 따위라는 것은 절대로 없다는 실증주의적 입장에 서서 생각하면 얼마든지 부정할 증거는 있을 테지만, 영이라는게 있다 하는 입장에 서서 생각하면 빙령 또한 그 존재성을 명백히 나타내고 있다.

나는 오늘까지 몇가지의 빙의 현상을 내 눈으로 보아 왔고 내 자신도 어떤 유의 방법으로 빙의 체험을 해 보았다. 그 결과 과학의 정설에 대해 개인적 견해와 체험에 의한 신념으로서 도전한다는 가장 불리한 상황아래 놓여져 있었다. 여전히 빙의 현상이란 어떤 유의 영적 영향이 작용되고 있다는 주장을 포기하지 않고 있다.

저 트로이의 유적을 발굴한 쉴리만도 정설에 대해 신념으로 도전한 사람이다. 나도 정설을 뒤엎는 가능성이 있는 동안은 자기의 신념을 버리지 않겠다.

그렇다면 과학적이 아닌 빙의 현상의 이야기를 하자. 즉 과학적인 이유와 무관한, 있는 그대로인 빙의 현상에 관한 이야기이다.

영을 전환시키고 인격을 전환시킨다

인간에는 그 육체를 거처로 하여 영이 살고 있음은 이미 말했다. 그리고 영에는 영성(靈性)이 높은 것과 낮은 것이 있다는 이야기도 했다.

앞에서 나온 여우나 견신이 들러붙은 사람의 영은 거의가 동물영으로서 이를테면 하등의 영이다. 인간의 영위(靈位)를 갖지못한 하등의 영이 인간의 육체에 깃들면 인간의 사고, 행동도 야수성을 띠게 된다.

그럼 어째서 그러한 하등의 영이 인간에게 들러붙는 것일까? 또 어떠한 상태일 때에 빙의 현상이 일어나는 것일까?

내가 알고 있는 바로선 빙의 현상이 일어나는 것은 그 인간이 무언가의 이유로 심신 허약 상태에 빠져 있을 때가 가장 많은 것 같다. 간단히 말하면 마음이 공허해져 사고 능력이 저하되고, 인간으로서의 의지가 박약해진 상태일 때가 위험한 것이다.

이런 상태는 최면술에 의해서도 인위적으로 혹은 자연 현상으로써 느닷없이 일어날 가능성이 충분히 있으므로, 과학자는 빙의 현상을 최면 현상에서 비롯되는 히스테리성 발작으로 생각하는 것같다.

어쨌든 심신 허약 상태가 된다는 것은 그 인간이 갖는 영성이 일시적으로 매우 희박한 상태가 되는 것이다. 그런 사소한 틈을 타고 하등령이나 악령이 숨어드는 것이다.

동물 등의 하등령이 잠입하면 그 사람은 여우나 견신에 홀린 것만 같은 상태를 나타내고 또한 악령이 붙으면 흔히 말하는 '마가 낀' 상태가 되어 뜻밖의 불상사를 불러 일으킨다.

빙의되는 상황은 심리 상태에 따라 각각 다르지만 시간적 경과가 있을 경우도 있고 순간적인 경우도 있다.

이렇듯 빙의된다 하는 것은 어떤 개인에 있어 영의 전환 (轉換)이 있었음을 의미한다. 그러니까 그 개인이 본디 갖고 있는 영이 육체로부터 쫓겨나고 그 대신으로 다른 영이 육체를 지배하는 셈이다.

당연히 인격이나 행동에는 변화를 가져오게 된다. 무언가의 방법 혹은 무언가의 계기로 잡입한 영이 나가지 않는 한 빙의 현상은 계속된다. 너무나도 오래 빙령이 도사리게 되면 본디의 영은 돌아올 수 없게 되고 본인의 육체는 빙령의 것이 되어버리는 경우도 있다.

병리학적으로 광인이라고 판단되는 사람중의 몇 퍼센트는 이런 유의 영 전환자도 포함되어 있으리라.

영의 전환(현상으로서 인격 전환)은 때에 따라 단속 상태를 보일 때가 있다. 예를 들어 유럽의 '늑대인간' 처럼 평상시엔 일반의 사람과 아무런 다를 바가 없지만 만월의 밤이 되면 영의 전환이 행해져 야수성을 띤 사람이 되든가 하는 예가 그것이다.

현대로선 폭주 드라이버 등에서 이런 경향이 발견된다. 성소엔 아주 얌전한 사람이 일단 차에 오르면 돌연 광폭해지든가 한다.

나는 아직 어째서 하등의 영이나 악령이 사람에게 달라붙는가 하는 것에 관해 대답하고 있지 않다.

그것은 이런 까닭이다. 이세상에서의 시련을 완전히 마친 영은 육체와 헤어진 뒤 영계에 들어갈 수가 있다. 그러나 영계에 들어갈 수 없는 부유령은 어딘가에 다시 깃들 육체가 없는가 하며 혈안이 되어 찾아다닌다. 그런 때 때마침 영과의 결부가 약해져 있는 육체가 있다면 옳거니 하며 그것에 들러붙고 만다.

영계에 들어갈 수 없는 영이란 것은 아무튼 무언가의 사정이 있어 '눈을 감지 못하는' 부정(不淨)한 영이다. 우선 하등의 영이라고 보아 틀림이 없으리라.

그렇다면 고등의 영은 빙의하지 않는 것일까? 그런 일은 없다. 고등의 영도 사람에게 빙의하는 일이 있다. 다만 영계에 들어가 있는 고등의 영이란 것은 그런대로 안정된 영성을 유지하고 있으므로 보통은 인간에게 들러붙든가 하지는 않는 법이다.

들러붙을 필요가 없기 때문이라고도 할 수 있으리라. 그러므로 돌발적으로 고등령이 붙는다는 일이 있다면 그것은 무언가 특수한 사정이 있는 것이다.

일반적으로 영계에 있는 영을 불러내자면 강령술(강신술)을 쓰게 된다.

강령술에 관해선 따로 항목을 마련하여 설명하겠다.

빙령 활동엔 한계가 있다

강령술의 이야기를 하기 전에 빙령의 활동에 관해 약간 언급을 하겠다.

무언가의 이유 혹은 원인이 있어 어떤 개인의 영이 전환

되었다고 가정하자. 그런 인간은 당연히 무언가의 영에 의해 빙의된다. 그럴 경우 빙의된 인간은 빙의한 영이 갖는 모든 능력을 계승하게 되는지가 궁금해진다.

확실히 여우나 뱀이 들러붙은 사람을 보게 되면 참으로 여우나 뱀 그 자체가 된 것처럼 여겨지므로 빙의령의 전성격, 전능력이 개인에게 계승된다는 느낌을 받는다.

그러나 영이라는 것은 인간의 정신에 영향을 주고 그 작용이 육체적인 행동에 나타나는 것이므로, 영이 들러붙어도 육체 그 자체의 능력 혹은 활동에는 한계가 있다.

하등의 영에 빙의되었을 경우는 꽤나 의태(擬態)적 행동을 취하고 육체적 능력도 확대된 것처럼 보인다. 아무튼 70세를 넘은 노파가 1미터 가까이나 뛰어오르든가 하는 것이다.

그러나 이는 그 노파에 본디 내재하고 있던 육체적인 능력이 영의 작용으로 표면화 되었을 뿐이고, 특별히 빙령이 육체 능력의 한계를 확대시킨 것은 아니다.

그 증거로선 새의 영이 빙의된 인간은 보금자리를 만들거나 그밖의 지상 활동으로선 거의 새의 형태를 흉내 내지만 어떠한 상황아래 있어도 공중을 맨손으로 단독 비행하는 일은 있을 수 없기 때문이다.

맨몸으로 공중을 나는 것은 중국의 신선이나 라마교 고승의 특기라 하지만 이는 신선술의 부류에 속하는 일이며, 빙의 현상과는 다르다. 하기야 나는 맨몸으로 하늘을 나는 사람은 아직 본적이 없으므로 신선술로서 하늘을 자유롭게 난다는 것은 믿어지지 않는다.

이야기를 본 줄거리로 되돌리자.

육체에서 영의 전환이 행해지고 빙의 현상이 나타나면, 확실히 그 개인의 인격은 빙령의 것이 되고 초상적 행동을 취하게 된다. 단 개인의 능력(잠재 능력을 포함해서)보다 월등해지는 일은 거의 없다.

하등령이 들러붙은 경우의 활동 한계의 예는 이미 말했지만, 강령술을 사용하여 고등의 영이 붙게 하여도 사정은 별로 다를 게 없다.

예를 들어 유명한 프로 레슬러였던 역도산의 영을 들러붙게 하였다 해도 빙의된 본인 의식은 씩씩해지겠지만 그렇다고 해서 실제로 '자이언트 바바'와 대결할 수는 없다. 마찬가지로 소크라테스의 영을 붙게 하여도 빙의된 본인이 평범인이라면 고뇌해 본들 결코 위대한 철인은 될 수 없으리라.

빙령은 정신과 의식에 작용하는 것은 분명하지만 개인의 육체 및 지능의 한계를 넘는 일은 없다고 생각된다.

커리큘럼 10
실천 강령술

강령술이란 사자(死者)의 영을 불러내는 술

강령술은 죽은 사람의 영을 불러내는 술법이다. 강령술의 역사는 오래되며, 인간이 거의 원시적 생활을 하고 있던 시대부터 있던 것으로서 그 지역성도 거의 전세계에 걸친 것이다. 당연히 강령술의 방법도 극히 원시적인 것부터 온갖 도구를 사용한 대규모인 것에 이르기까지 여러가지가 있고 일정하지 않다.

강령술을 크게 나누면 아래와 같다.

(1) 영능자 혹은 영매가 그 능력을 이용하여 사자의 영을 불러내고 자기나 측근자의 육체를 매개(媒介)로 하여 영의 출현을 표현하는 방법.

이 방법은 가장 일반적이고 무당이 그런 예이다.

(2) 영능자 혹은 영매가 그 능력을 이용하여 망인의 영을 불러내고 영 그 자체의 동작이나 이승에서의 이야기에 의해 영의 존재를 실증하는 방법.

이런 방법은 전국에서 행해지는 강령협회에서 가장 흔히 실시된다. 예를 들어 테이블이 저절로 공중에 떠오르든가 무언가 희끄무레하니 영의 모습이 보이든가 하는 것이다. 다만 유감스럽게도 양자 모두 속임수, 엉터리가 대부분이고 영의 존재를 증명하기에는 의심스런 면도 없지 않다.

　무당이나 만신이의 입을 빌리는 방법은 민간 신앙의 하나로써 옛날부터 전해지는 것이지만, 그 목적은 현세에 있는 유족의 마음을 위안하고 구제하는 게 목적이고 엄밀한 의미로선 강령술과 조금 성격을 달리 한다.

　강령술회의 방법은 일단 영의 실재를 증명하는 목적으로 행해지는 것이지만, 흥행적 요소가 강하므로 기술(奇術)·눈속임에 속하는 일이 많다. 따라서 현대에선 개인이 영을 지각하고 그 존재를 알수 있는 기회는 매우 드물다고 볼 수 밖에 없다.

　그러나 그렇다고 해서 강령술이라는 게 존재하지 않는다는 것은 아니다. 훈련을 쌓은 마술사 및 종교가는 오늘날이라도 강령술을 행할 수 있다.

　다만 강령술의 대상이 되는 영혼은, 영계에 있는 사자의 영이니만큼 그 올바른 대처 방법을 모르는 자가 불러내든가 하는 것은 얼마쯤 모험이라 하겠다.

　사자의 영은 평안히 영계에 있는 것이 가장 바람직한 모습으로서, 다만 영이 있고 없음을 증명하기 위해 불러내든가 되돌려 보내든가 하는 것은 불경(不敬)스럽기 이를 데 없다.

　강령술의 실험으로선 엘리자베드 1세 시대의 영국 스칼디스트 존 디이가 유명하다.

　그렇다면 사자의 영을 공경해야 한다는 것을 전제로 하여 실제의 강령술 방법을 말하자.

　앞에서도 말했던 것처럼 강령술의 방법은 갖가지이고 어느 것이 정통이라든가 본격이니 하는 일은 없다. 원시사회에선 소박한 방법으로 행해졌고 동양은 동양, 서양은 서양의 방법이

강령술 시범을 보이고 있는 존·테이 박사

있다. 내가 이제부터 해설하는 방법도 수많은 강령술 중의 하나임을 말해 두겠다.

이것이 강령술의 방식이다

일반적으로 강령술을 행하는 것은 영능자라고 불리는 영매 체질의 인간이다.

영능자는 종교가, 마술사, 무당, 일반적 영능자 등 여러가지가 있고 일정치는 않다. 그러나 영능자가 아니라도 강령술은 할 수가 있다.

이제부터 이야기하는 것은 그 방법이다. 다만 미리 말해 두지만 내가 아는 한 강령술은 그런대로의 위험성이 따른다. 왜냐하면 독자는 아직 마술사로서의 훈련을 쌓고 있지 않으며 영에 대한 취급에도 서투르기 때문이다.

강령술을 행하자면 종교적 혹은 오칼티스트로써의 훈련을 쌓고 그위에 또 저마다 선배의 지도아래 실행하는 것이 바람직하다.

일본에서의 나의 강령 체험은 앞에 나온 방법에서 (2)에 속하는 것이었고 어떤 달인의 강력한 법력의 비호아래 행해졌다. 나는 오칼티스트에 필요한 것은 다변적 말뿐이 아니고 비록 시행 착오는 거듭한다 하더라도 실패를 전진의 밑거름으로 삼는 실천적 정신이라고 생각한다.

나는 마술사로서의 길에 있다고는 하나 아직 달인의 영역에 도달하자면 시간이 걸리리라. 그래서 강령 현상을 스스로 체험함에 있어서 본래대로라면 세상에 드러내야 할텐데 굳이 사회에 숨어 있는 어떤 큰 법력을 가진 분의 힘을 빌렸다. 나는 영의 힘이 무엇인지 아는 까닭에 강령술을 혼자서 할 자신이 처음엔 아직 없었던 것이다.

나의 강령술 목적은 영의 존재를 실감함과 동시에 내 자신을 늘 감싸는 원령(怨靈)을 정화하고 그런 행위를 통해 내 자신의 영위를 얼마 쯤이라도 높이려는데 있었다. 강령술이라는 것을 행하자면 최소한 이 정도의 준비와 각오가 필요하다.

마법의 실천에 있어서 강령술은 다른 술법과 마찬가지로 우리들에게는 진지한 것이다. 왜냐하면 우리들은 그 법력(法力)을 통해 보통으로선 결코 체험할 수 없는 영과의 만남을 가질 수가 있기 때문이다.

전제가 길어졌지만, 그럼 강령술의 실제를 차례대로 말하겠다.

이 방법은 영을 지각하기 위한 초보적인 것이고 내가 달인의 지도로 영체험을 한 것과는 틀린다. 그러나 지금 여기서 공개할 수 있고 더욱이 시행자가 비교적 무사하다는 것을 조건으로 한다면, 이 방법이 좋다고 생각한다.

먼저 시술자는 강령술을 행하는 장소를 설정한다. 그것은 옥외이든 옥내이든 상관 없지만 여기선 일단 옥내라고 하자.

방의 넓이는 관계없지만 되도록이면 밖으로 부터의 소리나 빛의 영향이 없는 게 바람직하다.

창문이 있다고 하면 동쪽보다 서쪽의 창문이 있는 방을 선정하자. 창유리는 투명한 것보다 불투명이었으면 한다. 시각은 밤중부터 새벽까지의 어느 때라도 상관없다. 사람에 따라선 해넘어간 때가 효과적이라는 의견도 있으므로 연구심이 왕성한 당신이라면 시험해 보는 것도 좋으리라.

실내 온도는 12℃부터 24℃ 정도가 알맞다고 여겨진다. 요컨대 조금 으시으시 춥다는 편이 좋은 것이다(단,나중에 언급하지만 투시력의 훈련일 경우는 좀더 쾌적한 실내 온도를 유지하도록 한다). 다음에 시술자는 전날부터 단식한다.

이 단식은 대략 1주야의 짧은 것이므로 되도록이면 도중에 입에 넣는 것은 물만으로 그쳤으면 한다. 단식은 인간의 감각을 예민하게 하는 경향이 있으므로 영의 낌새를 느끼는데 편리하다.

24시간의 단식을 마친 시술자는 물과 비스킷 1매 정도를 먹고 설정된 방에 들어가 북쪽을 향해 앉는다. 앉는 법은 정좌든 책상다리든 상관없지만, 요는 장시간 앉아 있을 수 있는 자세라면 된다.

방의 밝기는 6평이라면 20와트 이하로 해두도록. 그리고 앉기에 앞서 방석 둘레에 깨끗한 소금으로 원을 만들어 두는 편이 좋으리라.

이 소금의 원은 강령술의 마법 제단과 같은 작용을 하는 것으로서 부정한 영의 침입을 막는데 도움이 된다. 그리고 시술자는 소금의 원 속에 불경이나 성경을 가져다 놓는 것도 기분이 안정되므로 좋은 일이다(별로 무리해서 가져다 놓을 필요는 없지만).

강령술의 소도구로써 영의 낌새를 비치기 위한 거울이며 영의 출현을 촉진하는 고등어나 가다랭이 혹은 짐승의 날고기를 접시에 담는 유파도 있기는 있다.

생선이나 날고기를 이용하는 것은 그 혈액 중에 있는 플라스마(Plasma : 혈장)가 영과 결부되기 쉽다고 되어 있기 때문이지만, 나의 식이나 종교적 사고방식으로 보면 이런 소도구는 사도(邪道)이다.

강령술로 혼을 부른다

이걸로서 일단의 준비는 끝났다.

나머지는 앉아서 영의 출현을 기다릴 뿐이다. 물론 앉아서 기다린다 하여도 다만 멍하니 앉아 있어도 소용이 없다. 두 손을 단단히 합장하고 그 가지런히 모은 손끝을 지긋이 응시하며 마음 속으로 영의 출현을 염하는 것이다.

이런 방법을 갖고서라면 몇시간 뒤에 실험자 중의 상당한 비율의 사람은 초상적 분위기 혹은 낌새를 느낄 터이다.
또한 잠재적인 영능 체질의 사람은 무언가 영의 모습을 보거나 목소리나 소리를 듣든가 하는 경우도 있다.

이것이 내가 지금 여기에서 가르쳐 줄 수 있는 가장 간단하고 온건한 강령술의 실제이다. 스스로 영의 낌새를 느끼든가 초상 현상을 체험하면 영에 대한 이해도 깊어진다고 생각된다.

하기야 이 강령술의 방법에는 과학적 반론이 준비되고 있음은 당연한 일이다.

강령 현상을 부정하는 측의 의견으로서는 이 방법에 의한 강령술에서 시술자가 이상을 느끼는 것은 정신 집중을 행한 결과인 신경 피로에 의해 환각 및 환시(幻視)로서 신뢰성이 약하다고 한다.

나는 이런 의견의 정당성은 충분히 있다고 생각한다. 그렇지만 모든 영감 체험을 이러한 이론을 밀어 붙이기에는 얼마쯤 납득이 가지 않는 체험이 있음을, 아마 당신으로서도 알 수 있으리라.

몇 번이고 말하지만 영 그 자체는 무서운 것도 아무것도 아니다. 오히려 영이라는 것의 존재를 자각함으로서 단지 종교적 의미에서가 아니고 자기 자신의 향상과 수호에 도움되게 할 수 있다면 이만큼 유익한 것은 없다.

영의 소리를 포착하는 방법

이것은 정확한 의미에서 강령술이라 할 수 있을지 어떨지 의문이긴 하지만 초자연학의 연구로서 유명한 에리히·폰·텐켄이 《영의 소리》를 녹음하는 방법을 제시하고 있다. 재미있는 방법이므로 소개해 두자.

내 개인의 실험으로선 그리 좋은 결과를 얻고는 있지 않지만, 무언가의 의미로서 독자의 기대에 부응하는 결과가 나올 것으로 생각한다.

곧 착수하기로 하겠다.

먼저 녹음기 1대와 신품의 테이프를 준비한다. 다음엔 그것을 세트하고 밖으로 부터의 소리가 들어오지 않는 방의 중앙에 설치한다. 이어서 이런 실험에 참가를 희망하는 임의(任意)의 사람이 그 녹음기의 주위를 원형으로 되어 앉는 것이다. 실험자는 손을 서로 맞잡고 마음을 하나로 한다.

그럼 이와같은 준비가 되었다면 실험의 주최자는 녹음기에 테이프로 세트하고 마이크로 영을 부르는 것이다. 호소하는 방법은 어떠한 말이라도 좋지만, 예를 들어 '영이여, 응답하라'든가 '영이여, 응하라'하며 이쪽의 의지가 강하게 어필되도록 하는 것이 중요하다.

한번 불렀다면 30초간 침묵하고 다시 부른다. 이런 반복을 15분이나 30분쯤 하면, 운이 좋다면 실험자가 말하지 않았던 말이나 언어의 단편 혹은 기묘한 노래 소리 등이 녹음되어 있거나 한다.
 그런 목소리 중에는 참가자의 친지나 친척으로 지금은 사망한 낯익은 목소리도 들어 있으리라. 이리하여 영의 목소리는 녹음할 수가 있다. 다만 이 실험은 1회당 30분을 결코 넘지 않는게 바람직하다.
 ✶[오칼티즘(occultism)은 과학적 방법으로선 포착되지 않는 초경험적인 자연 원리라든가 혹은 인간의 비밀스런 능력이나 현상을 탐구하여 그 힘의 근원을 밝히는 학문이다. 오칼티즘은 옛날부터의 연금술, 점성술, 요술, 카바라, 심령술, 강령술, 손금, 관상, 카드점 등 서양에서 합리주의 테두리 밖에 두어진 것으로서 국가적 혹은 공적인 종교적 의식의 범위밖의 것이었다. 그러므로 한정된 사람들에 의해 비전 또는 국한된 교의에 의해 전수된다는 성질을 가졌고, 때문에 세상의 눈부터 감추어진 것이 된다. 오칼트는 라틴어의 Occutus(감추어진 것)가 어원인 것이다.
 이런 오칼티즘은 중세를 통해 교회의 탄압 대상이 되었고 미신으로써 무시되었다. 그런 고대 마술의 역사를 현대에서 부활시키고 마술이 갖는 장대(壯大)한 '우주철학'을 과학적 정신에 의해 처음으로 규명한 것이 프랑스인 엘파스 레뷔티(Eluphas Levi : 1810~1875)였다.
 이 책에서도 잠깐 그 이름이 나왔지만, 그는 《고등마술의 교의와 의식》이란 저술로 마술을 학문의 수준까지 끌어 올렸으며, 이 책은 마술사뿐 아니라 시인 말라르메도 소설가 브르똥(Breton, Andre)도 애독했다.
 ─마술의 정체는 '절대 과학'이다. 자연적인 것 혹은 초자연적인 것을 포함한 힘을 인간에게 전수하는 기술이야말로 '마술'로서, 그러한 마술의 오의가 실은 우리들의 눈앞에 준비되고 있다고 레뷔는 주장한다.

레뷔에 의하면 구약성서는 신비로운 기호로 씌어진 우주의 비밀을 전하는 '마술의 오의서'이며, 그것에는 세계의 온갖 것 전부를 표현하고 더욱이 삼라만상을 지배할 수 있는 단 하나의 말이 존재한다.

그것은 4개의 문자로 된 말로서 헤브라이인들이 쓰는 데트라글라마톤(야하웨YHVH), 보헤미아인들이 쓰는 토트 THOT, 그리하여 카바라 학자가 쓰는 타로 TARO(타로트카드의 타로임)이다.

이 말은 어느 것이나 '신'을 나타내고 성스런 힘을 끌어내는 열쇠가 된다.

그럼 이와 같은 신의 힘을 자기 것으로 만드는 마술의 오의를 알기 위한 방법은 무엇인가. 여기서 레뷔는 성스런 책이나 도형에서 온갖 의미와 암호를 읽어 알아낼 수 있는 지식 —— 카바라를 등장시켰다.

'카바라의 기본적 요소는 개념과 기호의 합체(合體)에 있다. 소박한 기호를 사용하여 가장 기본적인 진리를 표현하는 것이다. 그리하여 기호란 말(발음)과 문자와 수의 세가지로서 이루어진다'

'카바라는 알파벳처럼 단순하고 게다가 신처럼 심오한 철학이다. 그 법칙은 피타골라스처럼 완벽하고 더우기 거기에 나오는 신들의 이름은 숫자로써 서로 더하기 할 수 있다.

10개의 숫자, 22개의 문자, 그리하여 하나의 세모꼴과 하나의 네모꼴과 하나의 원으로 되어 있는 게 카바라이다.

모든 교의 종교는 카바라에서 나와 카바라로 돌아간다. 이 학문만이 이성과 신앙, 힘과 자유, 과학과 신비를 화해시킨다.'

이상과 같은 원리를 실정한 레뷔는 실제 마술로써 사용되는 대도구·소도구·의식·주법(呪法), 기타를 상세히 해설했다. 그 중에서 흥미있는 몇가지 소도구를 든다면,

펜타그램 Pentagram(별표·부적) —— 마술사가 반드시라 할만큼

이용하는 '오망성'(五芒星)의 싸인은 4대 정령(불·하늘·물·땅)에 대한 인간 정신의 우위를 나타내는 심벌이며 악마가 악령과의 대결에는 불가결의 것이다.

'현자의 돌'(철학자의 돌) : 연금술에도 등장하는 불로장생의 영석(靈石)이 왜 오칼티즘에도 필요한가? 카바라의 해석에 의하면 현자의 돌은 이성과 신앙을 화해시키는 중개자이며 흔히 일컬어지는 '불로장생'은 그런 화해를 시적으로 표현한 것이다.

예언 : 우주 만물에 존재하는 유사(類似) 혹은 대응물을 마술적인 본능에 의해 찾아내는 것. 수면의 물결, 별빛, 새 울음소리, 그같은 자연 현상 속에도 인간의 운명과 대응하는 의미가 있다.

또 유사한 실제 예로서는 인간의 몸과 혹성의 경우가 재미있다. 태양은 심장과 달은 대뇌와 목성은 오른손과 토성은 왼손과 화성은 왼다리와 그리고 금성은 오른다리, 수성은 생식기와 각각 유사하다고 한다. 카바라의 예언과 점은 이러한 자연과 인간의 신비적인 대응 관계를 읽음으로서 성립한다.

그런데 레뷔에게 있어 의식(전례)은 마술의 구체적 행사이며 목적은 자연의 힘을 알고 그 힘을 쫓는 일이었다. 물이 얼음으로 바뀌는 것을 아는 일과 인간의 넋이 보다 높은 위치의 현실에 맞아지는 일과는 본질적으로 같은 것이다.

자연의 방정식을 배우기만 하면 기적은 언제라도 인간의 눈앞에 나타난다. 따라서 신비극(의식)을 올리는 것은 흡사 실험 과학에 의해 유용한 물질을 만들어 내는 것과 같다고 레뷔는 주장했다. 레뷔는 또 마술을 습득함으로서 과학에 힘을 주고, 힘에 지식을 준다고 했다.]

커리큘럼 11

자연 마법

오러를 증폭시켜 염화나 염동을 일으킨다.

당신은 이런 체험이 없는 것일까? 당신이 거리를 산책한다고 할때 당신의 앞을 조금 관심이 가는 젊은 청년이나 아름다운 소녀가 걸어간다.

당신은 그 인물에 흥미가 있어 몇 번인가 돌아보게 하고 싶다고 생각한다. 그래서 당신은 무의식중에 전방의 인물 뒷모습을 지긋이 응시하게 된다. 그리고 당신은 그 인물에 대해 '돌아보라, 돌아보라'고 염하게 된다. 그러면 이상하게도 그 인물이 이쪽을 휙 돌아보고 이상하다는 얼굴이 되는 것이다.

단순한 예이지만 이것 등은 인간이 방사하는 '염파' 또는 '사념파'의 힘에 의한 것이다. '염파'란 앞에서 언급한 오러와 관계가 있다고 한다.

즉 염의 힘을 발달시키는 것에 의해 오러를 증폭시키고 그런 오러의 활동을 '염파'로써 타인에게 지각시키고 혹은 반응을 일으키게 하는 것이다.

옛날 달인이라고 일컬어진 마술사는 노려봄으로써 야수를 쓰러뜨릴 수가 있었다고 한다. 이것은 강력한 '염파'가 일으키는 능력이라 할 수 있으리라. 야수를 쓰러뜨리는 것은 어쨌든 이러한 염파를 발달시키는 것도 마술사의 커리큘럼에는 포함된다.

이야기가 오러의 개발에 이르면 그것만으로 한 권의 책이 된다. W・E・버틀러(Butler : 1835~1902)는 마법을 온갖 종교, 사상에 얽매이는 일없이 냉정하고 또 실천적으로 풀이했다. 마법을 실천의 것으로써 연구하고 싶은 분에는 꼭 일독을 권하겠다.

그런데 「캐리」라는 영화가 히트하여 한때 '염동'붐이 일어났다.

캐리라는 한 소녀가 갖고 있던 '염동' 체질이 그녀를 확대한 사람들을 향해 무섭게 폭발해 간다는 것이지만, 이런 유의 오칼트 영화로선 참으로 잘 되어 있는 편이었다.

물론 「캐리」는 어디까지나 영화이므로 그녀의 초능력이 거대한 체육관을 불바다로 만드는 것쯤 식은 죽 먹기이다. 그러나 「캐리」가 아니라도 이런 '염동' 곧 사이코구노시스(psychognosis) 라는 것 자체는 사실 존재하고 있으며 전세계에서 보고되고 있다.

일찌기 나의 곳을 몇 번인가 방문한 여성 하나도 명백히 염동 체질의 소유자였었다.

그녀는 캐리만은 못하더라도 몇개의 초자연적인 현상을 나타내어 나를 놀라게 했던 것이다. 그녀는 매우 신경 과민증이었지만 예를 들어 그녀가 병원에서 받는 가루약을 먹기 거북하다고, 그것을 염함으로써 일정하지는 않더라도 환약으로 바꿀 수가 있었다.

만일 그녀가 올바른 지도아래 그 능력을 개발해 나갔다면 아마도 놀라운 흰 마법사가 되었을지도 모른다. 다만 유감이지만 그녀는 여러가지 사정으로서 신경을 상하고 있어 정신적

밸런스를 잃고 있었다. 그 결과로써 그녀는 단속적인 두통에 시달리고 있는 모양이었다.

그러나 그 두통의 치료는 결코 다량의 진통제 투여(投與)는 아니고 잔잔한 정신요법과 체질의 개선 및 그녀의 특성을 깊이 이해하는 것에 의한 카운셀링으로 충분히 고칠 수가 있을 것이다.

그런데 그녀의 양친은 그녀의 병이 어떠한 곳에 원인이 있는가를 알기보다도 정신과의 격리 병동에 입원시키는 길을 택했다. 그녀는 갓 20세인 하드·록을 좋아하는 내성적 여성이고, 그녀에게 필요한 것은 콘크리트의 벽으로 둘러싸인 병원의 철제 베드나 로르샤하 테스트(Rorsohach test) [스위스의 정신과 의사 로르샤하(Herman Rorschach 1884~1922)가 고안한 테스트. 잉크의 얼룩이 무엇으로 보이느냐 하는 해석에 따라 그 사람의 성격이나 정신 내부 상태를 알아내려는 것]가 아니고 태양의 빛과 잔디풀의 향기, 그리고 우정에 넘친 대화와 일에 대한 기쁨이었다.

그 시점에선 나를 제외하고서 누구도 그녀의 상처입은 오러를 깨닫고 있지 않았다.

그녀의 오러는 어떤 쇼크에 의해 매우 상처를 입고 있으며 그때문에 오러는 불안정한 상태인채 그 상처로부터 뿜어지든가 했었다.

그러한 오러에 이상한 활동이 있을 적마다 그녀는 자기도 모르는 사이에 '염동'을 일으키는 것이다. 물론 두통이 따르는 일도 있었다고 생각된다.

나는 그와 같이 오러에 이상이 있거나 영적인 안정이 결여된 인물을 대면하면 내 자신이 두통에 사로잡힌다.

이것은 나의 체질이고 해부하여 보여들일 수는 없지만 지금까지의 경험으로써 사실이라고 알고 있다.

나는 그녀가 정월의 때때옷을 입었을 때 기념 사진을 찍으라고 권했다. 나에게 있어 설빔에 대해선 아무래도 좋았지만 그녀의 사진에 의해 오러의 이상이라는 나의 추론(推論)을 확인하려 했던 것이다. 그녀는 나의 말을 좇아 연인과 함께 찍은 사진을 보여 주었다.

그 사진을 본 순간 나는 등골이 오싹해진 것을 역력히 기억한다.

그녀의 오러는 참으로 무질서하게 방사되고 있으며 그 하나의 흐름이 연인인 청년을 향해 날카롭게 투사되고 있는 것이었다.

나는 이대로라면 두사람에게 있어 좋지 않은 결과가 찾아옴을 직감적으로 알았으므로 되도록 데이트를 삼가라고 권했다.

그녀의 정신이 안정되고 오러가 정상으로 돌아가기 까지의 잠깐 동안을 말이다.

그러나 나의 충고도 연인들의 정열에는 무의미한 모양이었다. 다음에 그녀가 나의 곳을 방문했을 때에는 요즘 데이트를 할 적마다 연인도 두통을 호소한다고 보고했다.

그녀의 연인은 두번이나 대학 입학을 실패한 재수생으로서 무슨 일이 있어도 다음 번 시험에는 목적을 달성해야 할 상태에 있었으므로, 만일 그녀의 오러가 정상으로 되돌아 가고 그 강한 염파가 그의 학력 향상에 도움이 되어 주었으면 하며 원하고 있었다.

어느날 그녀는 그의 하숙에서 잠잤고 그날 밤 심한 두통과

발열이 있었다. 그녀는 평소 병원에 다니고 있었으므로 항상 진통제를 소지하고 있어, 그것을 곧 복용했다. 그런데 효과는 곧 사라지고 아픔은 더욱 심해졌다.

그녀는 마침내 그대로 3일간이나 연인의 하숙에서 자기의 집에 돌아갈 수 없게 되었다고 한다. 그것뿐이라면 또 몰라도 그녀의 두통은 연인에게도 전염하여 그도 심한 신경 쇠약에 빠지고 말았다는 것이었다.

내가 걱정하고 있는 사이에 그녀의 부모는 그녀를 어느 정신과에 입원시키기로 하고 그것을 실행했다. 유감이지만 우리들 라이프 카운셀러는 정식으로 의료 행위를 하는 법적 자격을 아무것도 갖고 있지 않다. 그러므로 그녀의 부모를 만류할 수 있는 결정적인 근거가 없는 것이다.

만일 신비학자에게 정식의 어드바이스를 줄 수 있는 권리가 확립된다면, 마술사는 옛날의 의술이 그러 했었던 것처럼 사람들에 대해 '상술'아닌 '인술'로서 임하리라. 마술사는 의술을 타락한 연금술로 만들지는 않기 때문이다.

어쨌든 세상에는 갖가지의 원인이나 이유로서 '염동' 체질이 되는 사람들이 있고, 실제로 염동이라는 게 있음을 알아주었으면 한다.

염동 체질은 선천성인 경우도 있고 후천성인 경우도 있다. 또한 일부의 마술사는 스스로의 오러를 증폭하든가 확대하든가 함으로서 이런 '염동'을 자유자재로 하고자 훈련을 거듭한다. 단 그 훈련은 아주 주의깊게 비밀리에 행해지고 있으므로 일반의 눈에는 띄지 않는 모양이다.

내가 여기서 소개하고 있는 마술사의 범주에는 정식으로 들어가지 않지만, 일본에 와서 화제를 일으킨 율리·게러 등도 만일 그가 보이는 기능이 진짜라면 염동 체질이라고 할 수가 있으리라. 그렇다, 그리하여 당신의 주위에도 캐리는 실제로 존재하고 있는 것이다.

'코쿠리상' 적중률은 70퍼센트

일본의 여학생들 사이에서 인기있는 점으로 '코쿠리상'이 있다. 코쿠리상은 여우·개·너구리의 동물령이 나타나 실험자의 질문에 대답한다는 옛날부터 있는 유치한 점의 일종이다.

에도시대부터 있었던 점의 방법이라 하는데 왠지 메이지 중기에 이르러 폭발적으로 유행했다고 한다.

나의 조부 이야기로선 당시는 아녀자 뿐아니라 어른도 '코쿠리상'을 하면서 놀았다고 하며 요정 같은 곳에서는 게이샤(기생)의 음악을 곁들이며 화려하게 행해졌던 모양이다.

별로 본격적 오칼티스트가 할 일은 아니지만 흥미있는 독자도 있을 것 같아 그 놀이법을 소개하겠다.

먼저 25~30cm쯤의 가는 막대기를 3개 준비하고 그 중간을 겹쳐 묶는다.

다음엔 그것을 펼쳐 횃불대처럼 세운다. 그리고 그 삼각(三脚)위에 쟁반을 엎어 놓는다. 쟁반이 없을 때는 접시라도 좋다. 그리고서 삼각의 정점이 되어 있는 곳을 엎은 쟁반 위로부터 세사람이 누른다. 이 경우 세사람이 같은 쪽의 손, 즉 우측이라면 우측, 좌측이라면 좌측을 얹는 것이 중요하다.

이리하여 준비가 되었다면 그 중의 하나가 코쿠리상을 불러낸다.

예를 들어 "코쿠리상, 코쿠리상, 제발 나오세요. 나와서 저의 질문에 대답해 주세요. 만일 나오셨다면 어느 것이나 다리 하나를 움직여 주세요"라고 하면 된다. 그러면 얼마쯤 있다가 삼각의 하나가 들어올려지고 딱하며 바닥을 울린다.

그러면 코쿠리상이 왔다 하여, 그 뒤는 질문을 할 적마다 삼각의 다리가 흔들흔들, 오르내리면서 코쿠리상이 대답을 한다.

"내일 비가 온다면 한번, 날씨가 좋다면 두번 발을 올려 주세요"
라고 하면 코쿠리상은 어느 쪽인가의 대답을 발로서 나타내는 것이다.

코쿠리상 놀이 중에 여성이 참가하고 있으면 삼각이 잘 움직이는 것도 재미있는 현상이다. 다만 코쿠리상은 소리를 내거나 글씨를 쓰거나 하며 대답을 내놓지는 못한다. 복잡한 대답을 필요로 하는 것은 무리이다. 어디까지나 일상적이고 간단한 것이 좋다.

코쿠리상의 정체는 무엇인가 하면, 여기에 두가지의 대답이 있다. 일반적으로 심령가는 코쿠리상이 동물령이나 하등령이 불러내어져 갖가지의 현상을 나타내는 것이라고 한다.

또 심리학자는 인간의 잠재의식이 사람의 손에 전해져 코쿠리상을 움직인다고 한다.

오늘날 생각으로선 후자가 과학적인 것처럼 생각된다. 그러나 인간의 잠재의식이 무의식의 에네르기로써 활동하는 것이라면 거기에는 얼마쯤 영성이 관계되는 부분도 있으리라.

나도 두세번 여학생을 참가시켜 실험해 보았지만 질문의 적중률은 70퍼센트 가까이나 되고 놀이로서의 점이라면 제법 재미가 있었다.

당신도 시험해 보는 게 어떻겠습니까? 코쿠리상 놀이 그 자체는 극히 무해한 것이지만 이런 놀이에 열중한 여학생이 여우에 홀렸다는 이야기를 들은 적이 있다.

왜냐하면 하루에 몇 번이고 코쿠리상을 하면 정신 통일에서 오는 피로에 훈련되고 있지 않은 신경을 현저하게 쇠약시키고 자아를 잃게 만든다. 즉 자기의 영이 유계에서 방황하게 되는 것이다. 그런 곳에 슬며시 부유령이 잠입하면 빙의 현상이 일어난다고 여겨진다.

눈동자의 마력을 단련하라

고대로부터 인간은 눈 속에 마력이 깃들여 있다고 생각했다. 확실히 논두렁에서 뱀이 개구리를 노려보며 꼼짝도 못하게 하고 있음을 보면 어쩐지 그런 게 있을지도 모른다는 느낌이 든다.

우리들의 일상생활 중에도 '눈은 입만큼이나 의사표시를 한다'는 경우가 적지 않다. 또한 뛰어난 의사는 환자의 눈동자를 깊이 들여다 보면 병근(病根)을 정확히 진단한다고 한다.

확실히 '눈은 마음의 창문'인 것이다. 그러므로 마술사가 그 당시 태양 아래를 활보할 수 있었던 이집트 시대에는 눈동자의 마력은 실제로·존재했고 무서움의 대상이었다.

당시의 마술사는 상대를 뜻대로 움직이기 위해 안력(眼力)을 단련하고자 노력했으리라. 왜냐하면 마술사라는 것은 사람들에게 말로서 명령을 내리는 게 아니고 침묵가운데 자기의 의지를 상대편에 전하는 것을 첫째로 여겼기 때문이다.

지금 말로 하면 텔레파시와 최면술을 짝지운 인심파악술이

〈그림 8〉 눈동자의 마력을 단련시킨다

검은색

붉은색

노란색

라고나 할까. 그러나 이와 같은 고대에 개발된 눈동자의 매력은 사용 여하에 따라 오늘날도 쓸모가 있다.

이를테면 질색인 상대편 요구를 물리치든가 되도록 자기의 쪽으로 상대를 이끌든가 할 수 있기 때문이다.

안력(眼力) 곧 눈동자의 매력을 증강하는 방법을 조금 풀이하자.

먼저 도화지에 지름 2cm쯤의 검은 별표 ★를 그린다. 왜 ★로 하는가 하면, ●이라면 정신이 집중되는 것은 좋지만 심리적으로 ●의 속에 자기 자신이 빨려들어가 대항할 힘이 작용되지 않기 때문이다. 그러나 ★라면 도형 그 자체가 상대자를 향해 반발한다.

그러므로 훈련하는 사람은 싫어도 도형과 대항하는 것이 되고 차츰 안력이 느는 것이다. ★를 그렸다면 그것을 알맞은 벽 등에 붙인다. 붙이는 위치는 마법의 거울 때와 같은 요령이다. 등뼈를 꼿꼿이 하면서 앉고 그 시선이 이르는 정면에 종이를 붙인다.

잠시 이런 ★를 노려 보고 있으면 모양이 흐릿해지든가 별안간 또렷하게 보이든가 진짜 별처럼 반짝거리든가 한다. 하루에 30분쯤 이런 연습을 반복하면 어지간한 ★도 온순해지고 당신의 눈동자 속에 포착된다. 이것으로 제1단계는 끝이다.

다음엔 ★를 같은 크기로 그리고 이번엔 이것을 빨갛게 칠한다. 이 빨간 별은 검은 별보다도 원기가 있고 좀처럼 당신의 안력에 굴복하지 않는다. 그래도 지긋이 노려보고 있으면 어느덧 이것도 얌전해진다.

붉은 별에 이겼다면 드디어 마지막의 노란 별에 도전하자. 노랑이라는 색깔은 흰 바탕에 그려질 경우 그 위치에 정착하지 않고 대치자의 시선을 현혹하는 것이다.
 이 노란 별을 단단히 노려볼 수 있게 되면 일단 도상 훈련은 끝난다.
 드디어 다음은 실제의 생물에 이것을 응용한다. 처음엔 곤충 등이 좋다. 나의 실험에 의하면 개미는 이쪽이 주의를 환기시켜 눈싸움에 들어가려 해도 성급하게 움직여 좀처럼 상대가 되어주지 않는다. 그 뒤 나는 황금충이나 딱정벌레와도 대결했지만 별로 좋은 상대가 아님을 깨닫게 되었다.
 그럭저럭 하는 사이에 나는 호적수라고 할까 협력자랄까 절호의 상대자를 발견했다. 버마재비이다. 버마재비는 한번 주의를 환기시켜 눈싸움에 들어가면 날카로운 낫을 겨누면서 확 눈을 부릅뜬다. 이것은 엄청난 박력이다.
 이쪽도 기합을 넣어 노려보는 것인데 아무튼 상대는 얼굴의 ⅔가 눈알이라는 괴물. 때때로 안력에 밀려 진땀을 흘리는 장면도 있었다.
 나는 이 호적수가 내 집의 베란다에 늘어 놓은 화초분에서 머무르는 동안 몇 번이고 대결했지만 승부는 무승부였다.
 아무튼 이와 같이 하여 실제 우스꽝스럽다 싶은 연습을 반복하고 있으면 어느 새 이쪽은 툇마루에 앉아 있고 건너편 지붕의 용마루를 건너가는 고양이의 발을 딱 멈추게 할 수가 있다. 이러한 일에 자신을 얻어 눈동자에 정신력을 집중하는 연습을 계속하면, 이윽고 안력이 갖추어진다.
 단, 안력의 훈련을 하는 동안 때때로 먼 경치 등을 바라보도록 힘쓰고 눈에 험악함이 생기는 것을 막을 필요가 있다.
 어느 정도 힘이 붙게 됨을 자각하게 되었다면 이번엔 인간을 상대로 한다. 정면부터 상대의 눈동자를 응시하고 그 속을 들여다 보듯이 한다.

다음엔 차츰 시선의 초점 심도(深度)를 얕게 하여 상대의 의식을 표면에 이끈다. 이 단계에서 상대는 심리적으로 뉴트럴한(모호한) 상태가 되고 만다.

이때 상대의 호흡을 이쪽의 호흡에 맞추도록 하여 술법을 거는 타이밍을 잰다. 때가 이르렀다 싶으면 마음 속으로 '엿!' 하고 기합을 걸고서 당신의 의지를 눈동자에 집중시키고 상대편 눈동자 속에 투사하는 것이다.

처음에는 버마재비와의 대결로서도 알 수 있듯이 좀처럼 잘 되지는 않는다. 그러나 사람에 대한 술법도 몇 번 연습하는 사이 그다지 어깨에 힘을 주지 않고 하여도 잘 걸 수가 있게 된다. 무엇이나 연습이 제일이다.

이 눈동자의 마력을 익숙하게 할 수 있게 되면 순간 최면술이나 웬만한 집단 최면술을 사용할 수 있게 된다. 딱정벌레나 버마재비와 대결하는 마음과 시간에 여유가 있는 분들은 꼭 시험해 주기 바란다.

자연 치유력을 갖게 하는 '광휘의 손'

옛날 할머니들이 손자의 배를 쓰다듬어 주면서 '할머니의 손은 약손'이라고 하는 것을 경험한 사람도 있으리라.

마술사는 인간에의 손에 자연 치유력이 존재한다고 믿는다. 또 그러한 능력은 훈련을 쌓음으로서 개발된다고 믿어진다.

마술사는 이런 치유 능력을 갖는 손을 '빛의 손' 혹은 '광휘(光輝)의 손'이라고 부른다. 그 옛날 예수 그리스도 역시 포교 활동할 때 흔히 이런 '빛의 손'을 사용했던 모양이다.
 그런데 '광휘의 손'을 개발하려 할 때에는 자기 자신이 건강한 때에 훈련을 시작하지 않으면 안 된다.

 훈련에 필요한 것은 별로 바닥이 깊지 않은 세면기와 물이 있으면 된다(수온은 20℃ 안팎).
 예에 의해 자기만의 공간이 확보되는 조용한 방에 들어가고 정신 통일에 들어간다.
 마음이 조용해지고 정신이 통일되었다면 세면기에 ⅓쯤 물을 담는다. 다음은 그 위에 자기의 늘 쓰는 팔의 손바닥을 덮듯이 한다. 수면과 손바닥의 간격은 1cm 이하로 하는데 결코 수면에 닿아선 안 된다.
 준비가 되었다면 통일된 전 신경을 천천히 손바닥 쪽으로 옮겨 간다. 이 경우 두 눈은 가볍게 감는다. 이윽고 덮은 손은 피로하여 떨려오든가 물에 닿든가 하고 말리라.
 물에 닿았다면 연습은 그걸로서 일단 쉬고 15분쯤 있다가 또 시작하는 것이다.
 손이 떨리는 정도라면 처음엔 되도록 참고서 훈련을 힘써 행하는게 바람직하다. 연습 시간은 각각의 체력, 정신력에 의하므로 일률적으로 말할 수는 없지만 하루 1시간을 착실히 실행하면 좋으리라.
 이것도 각자의 감각 차이가 있으므로 일률적으로는 단정할 수 없지만, 처음엔 물 위에 손을 가리고 있으면 냉기가 손끝이나 손바닥부터 전해져 와 팔이나 어깨가 한기(寒氣)를 느끼게 된다. 이윽고 한기는 상반신부터 온몸에 이른다.
 한기가 완전히 온몸을 덮든가 혹은 심장 언저리를 싸는 것만

같은 지각(知覺)을 느꼈다면, 이때 돌연 마음을 격려하고 느릿하게 심호흡을 한다. 그리하여 자기 자신의 몸안에 뜨거운 용광로가 있다는 것을 의식하도록 힘쓴다. 요컨대 체내에 열을 발하는 발열소가 있다고 상상하는 것이다. 그러면 한기를 느끼고 있던 육체는 차츰 열을 띠고(실제로는 체온에 그리 변화는 없다) 한기를 어깨로부터 팔, 팔로부터 손바닥, 손끝에로 밀어내는 상태를 만들 수가 있다. 이것은 어디까지나 의식으로서의 작업이다.

마침내 한기를 체내로부터 밀어내고 손바닥이나 손끝부터 체내에서 창조한 의식상의 열이 바깥을 향해 뿜는다. 연습하는 사람은 이 순간 더욱 마음을 채찍질하여 손바닥이나 손끝부터의 의식 방열(放熱)을 계속토록 한다.

사람에 따라선 이때 용을 쓰기위해 혈압이 오르는 일도 있으므로 주의하기 바란다.

손부터 발하는 눈에 보이지 않는 힘은 마침내 수면을 향해 뿜어진다. 그러면 세면기에 담은 물에 변화가 생긴다. 극히 약간이기는 하지만 수류(水流)가 발생하는 것이다. 물론 이는 보일까말까의 미세한 현상이고 오히려 의식상의 수류라고 하는 편이 좋을지도 모른다.

그러나 명백히 수면에는 변화가 일어나고 있는 것이다. 이런 눈에 보이지 않는 힘이야말로 '광휘의 손'의 원천이다.

처음에는 세면기의 물이 ⅓정도로 좋지만, 훈련이 진행되어 손바닥이나 손끝부터 보이지 않는 힘을 용이하게 발할 수가 있게 되었다면 물의 양을 ½로 하고 더욱 힘이 생겼다면 물을 가득 담도록 한다.

물의 양을 늘리면 의식이 수류를 일으키기에 그만큼 에네르기가 더 필요해진다. 그러므로 훈련하는 사람은 체력을 알차게 함과 더불어 인내력을 높이지 않으면 안 된다.

이윽고 세면기의 물을 향하지 않더라도 당신은 자유 자재로 손부터 보이지 않는 힘을 발할 수가 있게 된다. 그렇다, 당신은 이리하여 '광휘의 손'의 술법을 할 수 있는 능력을 손에 넣었던 것이다.

다음엔 그런 힘을 실제로 응용하는 방법을 이야기하자. 이 '광휘의 손'의 술법 사용법은 무수히 있고 도저히 전부를 가르칠 수는 없다. 그러므로 여기서는 몇가지 기본을 제시하기로 하겠다.

노이로제나 정신 불안정의 사람에 대한 방법으로서는, 시술자가 상대와 마주 보며 앉고 '광휘의 손' 즉, 손바닥을 윗방향으로 하여 상대에게 내민다. 이어 상대의 손을 잡고 이것에 손바닥을 합치듯이 하며 겹친다. 그리고 그 위에 자기의 또 한쪽 손을 겹치는 것이다. 요컨대 상대편의 손을 자기의 양손으로 샌드위치로 하는 셈이다.

그리하여 서로 눈을 감고 상대의 호흡을 자기의 호흡에 맞추도록 서서히 유도한다. 15분이나 이런 상태를 계속하고 있으면 상대편도 차츰 진정된다. 개중에는 졸음이 와서 꾸벅 꾸벅하는 자도 있을 정도이다.

그것은 그걸로서 평안한 심리 상태가 되어 있으므로 잠시 그대로 버려 두자. 상대가 정말로 진정된 상태가 되었다면 이번에는 가장 위에 겹친 손을 치우고 그 손으로서 상대의 끼어잡지 않았던 쪽 손을 가볍게 잡는다. 물론 손바닥 쪽을 합침은 말할 것도 없다. 그리고 '광휘의 손'도 상대의 목 이음매 부분에 두는 것이다.

이윽고 상대는 상쾌한 피로감과 함께 정신의 안정을 얻는다. 그뒤 본인을 30분쯤 눕게 하여 쉬도록 하는 게 좋다. 가벼운 노이로제 치료는 이것을 며칠 계속하며 거의 말끔히 치료되리라.

아토피성 두드러기는 꽤 난치병으로서 의사도 애를 먹는다. 두드러기라는 것은 그야말로 갖가지의 증상이 있고 각각 처방도 다르지만 적어도 아토피성 두드러기엔 '광휘의 손'이 효과를 발휘한다.

이 요법은 간단히 말해서 상대편 환부를 마찰하는 셈인데, '광휘의 손'을 사용하면 처음에 까칠까칠하던 피부가 부드러워지고 생기가 되살아난다. 시술자는 애정을 갖고서 부드럽게 이를 반복하는 일이 중요하다. 10일, 20일쯤 계속하는 사이에 꽤나 좋은 효과가 나타나리라고 생각한다.

'광휘의 손'은 대부분의 경우 그 환부에 댈 뿐으로서 질병을 고친다. 되도록 시술자와 피시술자의 사이에 신뢰가 있으면 효과가 높아진다. 전문적으로는 여기서 언급할 지면이 없지만 '광휘의 손'은 마사아지, 지압 등을 습득한 사람이 행하면 더욱 효과적이다.

다만 아무리 '광휘의 손'이라 할지라도 페스트나 콜레라와 같은 세균성의 질병에는 효과가 희박하다. 또한 '광휘의 손'으로 만병이 낫는다고 생각하는 것은 속단이다.

병은 역시 우선 마땅한 의사와 상담을 해야만 하는 것으로서, 최초부터 이런 술법에 의지해선 안 된다. 현대 의학에 의한 치료를 받고 약으로 미역을 감아도 여전히 시원치 않을 경우에 쓰는 것이 좋으리라고 생각된다. 아무튼 의료에 관한 일은 인명에 관계가 있으므로 서투른 무당은 사람잡기 마련. 부질없이 '광휘의 손'을 쓰는 것은 엄하게 삼가야 한다.

　나는 이 술법 훈련중에 능력을 높이고자 세면기에 물을 담는 대신 얼음을 담아 보았다. 슈퍼마아켓에서 다이어·아이스를 수북하게 사다가 세면기에 쏟고 그리고서 앞서의 요령으로 연습을 시작했다.

　그 무렵 책을 통해 이 술법의 달인은 마른 풀 위에 손바닥을 가리면, 이윽고 마른풀에 불이 붙는다는 것을 알았으므로 나도 조금 강력한 능력이 생겼으면 싶어 굳이 고행을 시도했던 것이다. 그러나 결과는 대실패. 얼음의 냉기를 지나치게 빨아들여 이것을 다시 밀어내는 일이 용이하지가 않았고 팔과 어깨를 몹시 상하게 하고 말았다.

　마법의 훈련이라는 것은 서두르지 않고 천천히 하는 게 중요하다.

커리큘럼 12
투시술 훈련법

천리안(千里眼)이 되는 수정구 응시법

'거울이여, 거울이여, 거울님. 이세상에서 제일 예쁜 것은 누구이죠' 하며 여자 아이가 거울을 보고 중얼거리는 것을 보면 웃음이 나온다. 그 대답은 당연히 '그것은 너란다'고 마무리 된다. 그녀들은 정말로 자기만의 희한한 마법의 거울을 갖고 있다.

그러나 마술사를 목표하는 자로서는 진짜 마법의 거울을 만들 수 있음보다 더 바랄 것이 없다. 아무튼 마법의 거울이 있다면 천리안을 즐길 수 있다. 천리안이라는 것은 자기는 어떤 일정한 장소에 있으면서 먼 곳의 일이며 미래 등을 역력히 볼 수가 있는 능력을 말한다. 수정구나 마법 거울을 사용하면 그것이 천리안용의 텔레비전 역할을 한다.

수정구를 쓰는 방법은 연습으로 검은 물을 채운 컵으로도 할 수 있다. 왜냐하면 최근에는 수정구(水晶球)가 값비싼 것이 되고 말아 좀처럼 적당한 크기의 것을 입수하기가 어렵다. 그러므로 나는 훈련에 컵을 이용할 것을 권하고 있다.

물론 진짜 수정구인 편이 좋은 결과를 기대할 수 있다. 수정구가 있는 사람은 그것을 이용하는 것보다 좋은 일은 없다.

이제부터 수정구 응시법을 간단히 설명하겠다.

먼저 수정구 1개를 준비한다. 크기는 지름이 3.5cm 이상이라면 거의 합격이다. 다음엔 수정구를 테이블 위 등에 놓는다. 이때 수정구 아래에 검정 혹은 진보라의 빌로도를 깔면 효과적이다. 컵의 경우도 마찬가지이다.

준비가 되었다면 그 수정구를 지긋이 쳐다보는 것이다. 처음에는 물론 아무것도 보이지 않는다. 고작 자기의 얼굴이나 방안의 광경이 비치고 있을 정도의 것이리라.

몇 번이고 말하지만 인간은 그리 오래 한가지의 일에 정신을 집중할 수가 없다. 15분이나 그렇게 하고 있으면 눈이 피로해져 머리가 멍해진다.

처음에는 이 정도에서 연습을 중지하는게 좋으리라. 다만 W·E·버틀러도 말했던 것처럼 수정구를 향해 앉았을 때의 기록은 매일 하도록 해야 할 것이다.

수정구 응시의 연습을 하는 방은 대소의 구별은 없지만 기분이 안정된 상태가 유지되지 않으면 안 된다. 나의 경우는 아틀리에의 서재 6평 가량의 작은 방에 커튼을 치고 밖으로 부터의 소리에 방해되지 않는 심야나 새벽에 연습했다.

조명은 어둠침침하게 해두는 편이 효과적이다. 나는 연습이 꽤나 진행된 단계에서 사진 현상의 암실용 적색등을 사용해 보았지만, 이것이라면 실내가 평면적으로 보이는 작용이 있으므로 한 때 효과를 높인 적이 있었다.

다만 지금은 이런 적색등은 사용치 않는다. W·E·버틀러는 '상현'(上弦)의 달이 있는 동안은 비교적 간단히 심령 능력을 의지의 컨트럴 아래 둘 수가 있다고 했다.

나의 경험에 의하면 투시술의 연습에서 효과에 차이가 있었던 것은 달의 차고 이즈러짐보다도 그날의 기분에 따라 작용되

수정옥(水晶玉)을 응시하며 천리안이 된다

고 있었다고 생각된다.

어쨌든 처음에는 아무것도 보이지가 않고 머리가 멍해지는 게 고작이다. 그러나 단념하지 않고 매일 연습을 계속하고 있으면 이윽고 얼마쯤 피로한 망막에 힐끗 무언가의 이미지가 떠오른다.

대개의 경우 그 시각적인 이미지가 나타나자마자 섬칫하며 정신 통일이 어지럽게 되므로 흘낏 보인 것은 자취없이 사라진다.

나는 투시술이라는 것에 관해 그리 재능이 있는 편은 아니라고 자각하고 있다. 왜냐하면 마법의 거울 연습을 시작하고서 두 달이나 지났을 무렵, 간신히 이러한 '흘낏'하는 현상이 나타났으므로.

유럽의 오칼티스트 훈련소에선 한 달쯤으로 '흘낏'한 곳까지 가는 사람이 흔하다고 들었다. 아마 연습 방법에 무언가 요령이 있을테지만 유감스럽게도 나는 연습 방법을 개발하고 있어 시행 착오가 늘 뒤따랐다. 묵묵히 앉으면 곧 보인다는 데에는 좀처럼 도달하지 못했던 것이다.

하지만 재능이란 것은 노력에 의해 개발할 수 있다 하는 게 마법의 훈련을 통해 내가 늘 견지한 신념이므로 다소의 장애에 굴하지 않고 연습을 계속했다.

이 사이에 나는 여러가지 종류의 투시술 연습용의 마법 거울을 실험적으로 만들어 보았다. 잘 된 것도 있는가 하면 공들여 만든 데 비해선 효과가 없는 것도 있었다.

또한 어떤 셈인지 자기의 탄생일을 사이 둔 전후 한 달쯤은 아무리 정신을 통일하여도 좋은 결과가 얻어지지 않는 일도 있었다. 게다가 투시 능력이라는 것이 그다지 가속도가 붙어

신비스런 신호를 보내는 마술사

개발되는 것은 아니고 돌연 단계적으로 반전되는 것도 알았다.

그리하여 당신이 연습했을 경우 비록 나비들이 보였다고 해서 그런 뒤 곧 나비들이 날아온다고 생각하지 않기를 바란다. 나비들은 당신에게 있어 무언가의 이미지에 지나지 않는다. 그러므로 나비들이 보였다면 그 뒤는 어떠한 일이 일어났는가를 일기에 쓰든가 신문을 잘 보아두도록 하는 게 필요하다. 그렇게 하면 당신의 일을 포함해서 세상의 사건과 나비들 사이에 이상한 암합(暗合 : 우연의 일치)이 있음을 알게 된다.

이를테면 나의 경우 나비들이 보인 뒤에는 대개 편지가 온다. 그것도 별로 좋지않은 소식이다. 이러한 이미지와 사건의 결부는 억지로 두들겨 맞추려 하지말고 한가롭게, 다만 신중히 하면 누구라도 할 수 있다.

그러나 연습중에 친척 아저씨의 얼굴 등이 보였다면 나중에 전화쯤은 걸어보자. 무언가 변화가 있을지도 모르므로.

어쨌든 이러한 수정구를 포함한 마법의 거울(speculum : 스펙큐럼)에 의한 투시술의 연습은 누구라도 할 수가 있는 것이다.

마지막으로 한가지 주의해 두지만 이런 투시술의 실험이나 훈련은 초보 단계에선 매우 정신 피로가 따르므로 노이로제나 정신 불안정의 증상이 있는 사람은 절대로 행해서는 안 된다.

또한 정신적으로 건강한 사람이라도 연습중에 까닭모를 단편적 이미지가 차례로 보이는 상태가 일어나면, 잠시 동안 연습을 쉴 필요가 있다.

기분을 푼다고 말하고서 술이나 약물을 복용하고서 연습에 들어가는 일은 엄중히 경고를 하겠다. 음주 운전이 위험한 것은 자동차만의 일은 아니다.

올바른 방법으로 연습을 거듭하면 누구라도 얼마쯤 투시력이 꽤나 개발된다는 것을, 나는 실험 결과 확신한다.

이렇게 투시술 연습을 하라

그렇다면 여기서 내가 투시능력 개발의 실험용으로 만든 마법의 거울 가운데 비교적 좋은 성적을 올린 것의 제작법을 가르쳐 주겠다.

〈마법의 컵〉

먼저 컵을 하나 준비한다. 이런 컵은 시판의 것으로서도 좋다. 다만 소재는 되도록 얇은 것으로 투명도가 높은 것이 좋다. 당연한 일이지만 변형 스타일의 것이나 자루가 달린 것은 피한다. 요컨대 양질이고 심플한 디자인의 것이 바람직하다.

다음엔 컵에 검은 물을 채운다. 나는 처음에 물속에 검은 잉크를 타서 실험했다. 그 뒤 물과 잉크의 양을 증감하든가 먹물을 시험하든가 여러가지로 해보았다.

결과적으로 컵에서 물과 잉크 또는 먹물의 분량이 1대 1이면 좋다고 생각한다. 이것도 사람에 따라 여러가지로 다를 것이므로 각각 실험하여 자기에게 맞는 분량을 파악해 주기 바란다.

이걸로서 마법의 컵은 완성. 나머지는 수정구 부분에서 쓴 순서에 따라 연습한다.

〈마법의 거울〉

　마법의 거울 제작법을 설명하자
　먼저 은종이와 판지, 여기에 알맹이가 고운 모래를 컵에 하나, 그리고 검은 잉크와 풀을 준비한다. 준비가 되었다면 은종이를 판지 위에 붙인다. 두꺼운 종이로 되어 있는 은종이가 있다면 이런 수고는 덜 수 있다. 대지가 만들어졌다면 그 중심에 지름 10cm부터 12cm의 원을 그린다.
　다음엔 컵에 반쯤 검은 잉크를 담고 다시 그 속에 준비한 모래를 넣는다.
　앞에서 잊었지만 이 모래는 일단 물에 씻어 흙이나 티끌 등 불순물을 제거해 두도록. 이리하여 컵 속에선 모래가 곧 검게 물든다. 완전히 모래가 잉크를 빨아들였다 싶으면 헌 신문지를 겹친 곳에 쏟아 그대로 건조시킨다.
　검은 모래가 마르기까지 기다리고서 앞서 은종이 중심에 그린 원속에 풀칠을 고르게 한다. 이 풀은 무엇이든 좋지만 얇게 퍼지고 접착력이 강할 필요가 있다.
　풀을 칠했다면 그곳에 검은 모래를 고르게 뿌려 거칠거칠하게 붙이는 것이다. 최근엔 적어졌지만 장터같은 곳에서 흔히 '모래그림'이라는 것을 보았다. 그런 요령으로 하면 잘 된다.
　처음엔 모래가 잉크로 굳어져 버려 거칠거칠한 상태가 되지 않으므로 나도 몇 번 실패했다.
　끝으로 정착(定着)과 난반사(亂反射)를 막기 위해 스프레이의 광택방지제를 전체에 뿌린다. 이걸로서 누구라도 할 수

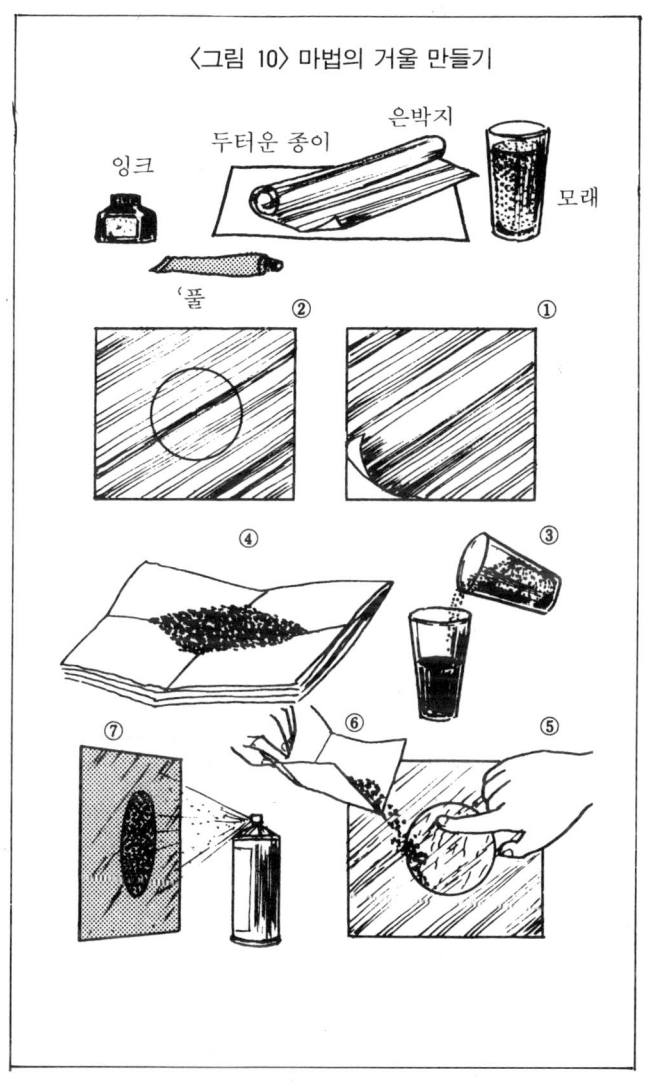

있는 가장 간단한 마법의 거울이 완성되었다.

　나머지는 이것을 벽에 붙이고 수정구의 요령으로 연습하면 된다.

　마법의 거울을 붙이는 높이는 정좌 또는 책상다리를 하고서 등뼈를 편 자세로 시선이 똑바로 닿는 곳이면 된다. 벽과 자기와의 거리는 1미터나 1미터 반이 좋다고 생각한다. 이것도 사람에 따라 다르므로 여러가지로 시험해 보아 최량의 위치를 정해 주기 바란다. 준비가 되었다면 투시술의 연습에 들어간다.

　방법은 수정구일 때와 거의 마찬가지. 다만 몇 번이고 말하지만 누구라도 곧 투시 능력이 갖추어지는 것은 아니다. 사람에 따라 숙달의 정도의 차이가 있음을 미리 말해 두겠다.

특별수록

소련의 초능력자들

초능력 연구의 대국이면서 철의 베일에 싸여있던
소련의 초능력자.
그동안 그들은 지금까지 부당한 평가를 받았으며, 멸시당했다.
그러나 동서의 벽이 무너지고 페레스트로이카 바람이 불며
그 베일도 서서히 벗겨졌다.

소련의 초능력자

작은노인이 발휘한 놀라운 힘

사기도프 폴리스씨는 염동력(念動力)의 전문가로서 널리 알려져 있다. 그는 울프 메싱(소련의 전설적 초능력자)의 직계 자손이다.

폴리스씨는 그가 살고 있는 궁궐같은 벽돌아파트와 어울리지 않는 작고 붙임성 있는 얼굴을 한 노인이다.

그는 작은 물건이라면 무엇이든 마음대로 움직일 수 있다고 말한다. 정신을 집중시켜 10분 정도 워밍업을 하면 그의 표정은 어느새 딱딱하게 굳어지고, 그리고 그의 양손 아래 있던 우편엽서는 회전하기 시작한다.

또한 십자가도 그의 손 아래에서 움직이기 시작했다. 트릭을 사용한다고 생각할 수도 있겠지만, 폴리스씨는 그런 것을 비웃기라도 하듯 컵을 엎어 십자가를 덮어버렸다. 그런대도 십자가는 그 속에서도 움직임을 멈추지 않았다.

더욱 놀라운 것은 폴리스씨는 투시능력도 가지고 있었다. 두꺼운 눈가리개 위에 또 하나의 검은 천을 쓴 폴리스씨는 등 뒤에서 하나씩 내미는 벽돌쌓기 장난감들의 색깔을 귀신처럼 알아 맞추었다.

준비된 그 장난감에 트릭이 가미되었는지도 모른다는 생각에 유리컵에 팔목시계를 넣고 등 뒤에서 내밀어 보았다.

폴리스씨는 '안경…, 아니 컵 같다. 그리고 그 안에 무언가 있어…. 그래, 손목시계군요.' 라며 알아 맞춰버린 것이다. 그러나 이건 단지 프롤로그에 불과했다.

환자를 치료하고 불치병을 고친다

쥬나 다비다시바리 박사는 심령 치료사로도 유명하며, 소련 초능력자 중에서 여왕으로 군림하고 있다. 그녀의 초능력은 소련 의학아카데미에서 인정을 받아 지난해 정식 의학박사의 칭호를 받았다.

지금까지 수백만명의 환자를 치료했는데, 놀랄 만한 사실은 실제 의사들이 그녀에게 심령 치료를 배우기 위해 드나든다는 것이다. 약 80만명 이상의 의사들은 반신반의했었지만 실제 눈 앞에서 치유되는 환자들을 보면서 점점 빠져들게 되었다고.

그녀는 수술실 같은 방의 침대에 배를 갈라놓은 토끼를 올려놓고 토끼의 사체 위에 손을 올려놓고 천천히 정신을 집중시켰다. 그러자 완전히 정지했던 토끼의 심장과 폐 등이 벌떡벌떡 숨을 쉬며 움직이기 시작하는 게 아닌가?

상식을 넘어선 이 사실은 필링 능력이 죽음까지도 뛰어넘을 수 있다는 것을 보여 주었다.

또 실험실 같은 곳에는 원숭이의 심장이 몇개 고무 튜브에 연결되어 있었다. 그 고무 튜브는 혈관을 대신한 것인 듯 했다. 그러나 심장 자체는 이미 완전히 죽어 있는 것이다. 설마하는 느낌으로 지켜 보자, 그녀는 보이지 않는 파워를 보내어 그 원숭이의 심장을 움직이게 했다. 고무 튜브에 원활히 혈액을 내보내는 게 아닌가! '어떤 장기도 각각의 의식을 가지고 있고, 그들은 스스로의 생각으로 움직일 수 있다'고 다비다시비리 박사는 말했다.

눈앞에 발생한 포르타 가이스트 현상

보통 '포르타 가이스트' 현상은 크게 두 가지 종류로 나눌 수 있다.

우선 집이나 토지 등 무언가에 홀린 듯한 심령 현상의 경우, 또 하나는 가족 중 누군가의 억압이 무의식중에 염동력을 발생시켜 버리는 경우도 있다.

그 중 뒤의 설이 유력한데, 그것은 포르타 가이스트 현상은 언제나 가족의 젊은 두 형제에게 일어나는 예가 많기 때문이다.

포르타 가이스트 현상이 빈발하는 한 아파트는 정말 처참하게 망가져 있었다. 창문도 깨어지고, 가구란 가구는 하나도 남김없이 부서져 있었다. 그 문제의 형제들과 엘리베이터에서 내렸을 때 어딘가에서부터 약병인 듯한 것이 날아 와 그 형제들 눈앞에서 깨졌다.

그러나 포르타 가이스트도 카메라를 의식한 탓인지 더 이상은 아무 현상을 보여 주지 않았다.

초능력자 암살사건이 발생하고 있다

그외 소련엔 초능력자가 많이 있다. 그 중 안드레안킨씨는 과학아카데미 이론문제연구소의 소장이며, 주로 생리학 방면에서 초능력의 해명에 접근하고 있다. 그의 연구소에는 최신 전자

공학 기기를 구사하여 초능력의 숨은 에너지를 밝혀 내려고 연구하고 있다.

또 마스세파 나나라는 불가사의한 체질을 가진 여성도 있다. 그녀의 육체는 그 자체가 자석으로 스푼, 가위 등을 그녀 몸에 가까이 대면 마치 자석처럼 스푼 등이 몸에 붙어버린다.

또 놀랄 것은 국제 초심리센타의 소장인 파레리 아비테세프씨의 일이다. 그는 지금 일반인에게 초능력을 개발시켜 주는 프로그램을 만들고 있다. 거기에는 깊은 사연이 있다.

아비테세프씨의 딸 제니씨는 초능력자로서 범죄수사 등 경찰에 협조하곤 했다. 그러나 뛰어난 투시 능력을 가진 그녀를 두려워 한 마피아들은 그녀를 암살해 버렸다. 그때 그녀는 13살이었다.

이런 비극이 다시 발생하지 않도록 하기 위해 초능력을 보통 시민사회에 보급하려는 것이다.

우주와의 교신실험이 행해지고 있다

소련에서는 옛부터 꿈이 미래를 예지한다고 믿고 있다. 그래서 어떤 특정한 꿈을 최면기술을 이용해 프로그래밍시켜 운명을 변화시키는 연구를 해 왔다.

이는 이미 성공했으며, 보다 높은 수준의 연구가 행해지고 있다는 것이 그곳 연구자의 이야기다.

실제 소련의 초능력 연구는 우리의 상상을 초월해 응용되고 있다. 심리학, 생리학은 물론 의학분야에서도 초능력자가 활약하고 있다.

또한 소련은 우주개발에까지 초능력을 응용하고 있다. 과학아카데미 이론문제연구소의 안드레안킨 박사에 의하면 텔레파시를 이용한 통신을 실험하고 있다.

우선 우주비행사가 지상에서 초능력자와 함께 릴렉션 등의 훈련을 받아야 한다. 그리고 그 우주비행사가 우주로 간 뒤 어떤 특정한 시간을 정해 지상의 초능력자가 우주의 비행사에게 '생각(念)'을 보내는 것이다. 동시에 우주의 비행사는 릴렉션을 하면서 초능력자로부터 온 '생각'을 받아들인다.

이러한 것들은 소련에서 행해지고 있는 초능력 연구의 극히 일부분에 불과하다.

페레스트로이카 바람을 타고 서서히 공개되고 있는 소련의 초능력들. 실로 놀랄 만한 것들로 가득찬 소련의 또 다른 얼굴이 아닐 수 없다.

소련에는 원래 점성술적인 풍토가 있었다

오늘날 초능력 대국으로써 감출래야 감출 수 없는 존재로 자리잡은 소련이지만, 그 과정이 결코 순탄치만은 않았다.

소련의 고명한 초능력 연구가인 에드워드 나와모프씨에 의하면 소련의 초능력 연구는 1920년대에 그 싹이 트기 시작했다고 한다. 그러나 그건 단지 여명기에 불과했고, 1930년대에 들어 과학적인 연구가 시작되었다.

그 대표적인 존재가 레닌그라드대학의 심리학자 레오니드·L· 바시리에프 박사의 텔레파시 연구이다. 물론 현대에 비하면 그건 대단히 진부한 것이었다. 그러나 이런 연구마저도 당시 소련의 시대적 배경에 의해 그 싹조차 제대로 틔워보지 못하고 밀려나고 말았다.

당시 소련에는 초능력자가 많았다고 한다. 그때는 그들을 예언자, 심령술사, 또는 마녀라고 불렸다. 원래 러시아라는 나라는 토착 신앙이 뿌리깊게 자리잡고 있어 이런 초능력자들은 박해받을 수밖에 없었다.

그 대표적 인물이 스탈린이다. 그 전설적인 독재자는 철저하게 초능력자를 비롯한 연구가들을 탄압했다. 그들은 사기꾼들과 함께 투옥되기도 하고, 지하 활동에 몸을 숨길 수밖에 없었다.

그러나 소련 초능력자의 '아버지' 또는 '제왕'이라 불리는 역사적인 초능력자는 스탈린이 가장 신뢰하고 비호했던 인물이었다.

소련 최고의 초능력자 울프 메신그

그 초능력자의 이름은 울프 메신그이다. 그는 1889년 바르샤바의 작은 마을에서 태어났다. 성장하면서 투시 능력, 텔레파시 능력을 발휘했던 그는 많은 사람들 앞에서 그 능력을 선보이게까지 되었다. 그의 능력은 아인슈타인, 프로이드, 간디 등 세계적 저명인사에게도 인정을 받았다.

그러나 2차대전이 발발하면서 메신그는 모스크바로 망명했다. '히틀러는 동쪽으로 가면 멸망할 것이다'는 예언을 해 히틀러가 그의 목에 20만 마르크의 상금을 걸었기 때문이다.' 그러나 모스크바의 극장에서 초능력을 선보이던 그는 낯선 경찰관들에 의해 어디론가 끌려 가게 되었다. 거기에는 스탈린이 기다리고 있었다. 당시 스탈린은 메신그의 초능력 따위엔 흥미가 없었다. 단지 그가 폴란드에 있을 당신 알던 군인이나 정부 요인에 대한 정보를 캐기 위한 것이었다.

대충 알고 싶은 걸 알아낸 뒤 스탈린은 메신그에게 정말 초능력을 사용할 수 있다면 자기에게 증명해 보이라고 했다. 스탈린은 모스크바국립은행에 가서 10만 루블을 훔쳐 오라고 요구했다. 너무나 터무니없는 요구였지만, 그걸 거절했다간 혹한의 시베리아로 쫓겨갈 게 분명했다.

다음날 두 명의 감시원이 지켜보는 데서 은행으로 들어갔다. 속이 빈 007 가방과 대학노트 한장을 찢어서 손에 들고서. 메신그는 그 종이조각을 현금출납계에 내고 초능력을 보냈다. 출납계원은 그 종이조각이 대단한 수표인 것처럼 소중히 받아, 금고에서 10만 루블을 꺼내 007 가방에 채워 주었다. 메신그는 작게 숨을 내쉬며 천천히 은행을 빠져 나왔다.

감시원에게 모든 이야기를 들은 스탈린은 메신그에게 비슷한 실험을 몇가지 더 시켜본 뒤 그를 마음 속에서부터 신뢰하게 되었다.

영화에도 출연한 니나 크라기나

울프 메신그가 '제왕'이라고 한다면, 니나 크라기나는 '여왕'이라 할 수 있다.

그녀는 1920년 레닌그라드에서 태어났다. 그러나 기묘하게도 그녀는 자신이 40살이 훨씬 넘는 1964년이 되어서야 그 능력을 알았다고 한다.

물론 그 전에도 친구의 호주머니 속에 든 물건을 알아맞추는 등의 초능력을 보였지만 자신도, 주위사람도 단지 그녀가 '감'이 좋기 때문이라고만 생각했다.

가벼운 노이로제 증세가 있어 입원을 하게 된 그녀가 입원생

활의 무료함을 이기기 위해 간호원과 게임을 하면서 정확히 알게 되었는데….

그것은 눈가리개를 한 크라기나가 간호원이 내미는 카드의 색깔을 맞추는 게임이었는데, 그녀로선 하찮은 놀이에 불과했다. 그러나 그녀가 맞추는 횟수가 늘어갈수록 간호원의 얼굴색도 같이 파랗게 질려 갔다.

그녀의 능력은 결국 세상에 알려지게 되었고, 초능력 연구가들에 의해 개발되었다. 그녀는 투시력뿐 아니라 염동력까지 갖고 있어 결국 3kg이나 되는 물건도 가뿐히 옮길 수 있게 되었다. 그녀의 초능력은 영화로 제작되어 많은 사람들이 관람하고 열광했다.

단 한권의 책으로 시작된 탄압운동

60~70년대는 크라기나의 초능력이 절정에 달했다. 이를 계기로 소련의 초능력도 물결치듯 일어나기 시작했지만, 1970년 미국에서 출판된 책 한권에 의해 그들의 운명이 바뀌게 되었다.

2명의 미국여성 저널리스트에 의해 출판된 '철의 장막 속에 있는 초능력의 발견'이 전세계에 베스트셀러가 되면서 미국의 저널리즘은 소련의 초능력자에 대한 기사를 즐겨 쓰게 되었다.

특히 군사적인 면에서 초능력을 이용하고 있다는 추측 투성이의 기사가 범람했다. 소련 당국에서는 당연히 예민한 반응을 보였다.

초능력자들은 차례로 투옥되었고, 크라기나의 초능력도 재판까지 받게 되었다. 그 판결은 크라기나의 승소였지만, 그 직후 그녀는 죽고 말았다.

훈련으로 초능력을 익힌 크레쇼파

그 시대에 화제가 됐던 또 하나의 탁월한 여성 초능력자를 소개한다. 그녀의 이름은 로자 크레쇼파. 1960년대 초크레쇼파는 시각장애자를 위한 연극 활동을 지도하는 22살의 젊은 여성이었다.

그녀는 시각장애자들과 함께 점자를 배우면서 결심을 굳혔다. '누구에게도 말하지 않은 나의 비밀을 이 사람들에겐 가르쳐 줘야지.' 그녀의 비밀이란 정말 놀라운 것이었다.

크레쇼파는 16살 때부터 손가락 끝으로 문자나 색을 판별할 수 있었다. 물론 그런 것을 고백하면 주위에선 그녀를 이상한 눈으로 보면서 사기꾼이나 마녀로 취급할 것이 분명했다. 그녀는 두려웠다.

그러나 이런 능력을 시각장애자들에게 가르쳐 준다면 그들의 생활이 좀더 활기찰 것이라는 생각을 굳힌 그녀는 그 비밀을 공개했다.

우선 신경병리학자인 골드베르그 의사가, 다음은 저명한 신경학자 샤에파 박사가 그녀의 초능력을 엄밀히 실험해 증명해 주었다. 그러자 그때까지 냉담했던 사람들도 그녀에게 열광적인 성원을 보내 주었다.

그녀는 모스크바의 과학아카데미에서 맹인들에게 초능력을 가르치기 시작했다. 꾸준히 신문지를 만지고 색종이를 만지며 서서히 '느낌'으로 그것을 읽고 색을 맞추는 것이다. 그녀가 가르친 생도들 중 손가락 끝으로 사물을 읽는 능력을 깨우친 사람들도 탄생했다. 물론 그들은 시각장애자들이다.
　그러나 불행하게도 유명인이 된 그녀는 그녀를 중상모략하는 무리들에 의해 정신병을 얻게 되었다. 크레쇼파는 지금 정신과 의사의 치료를 받으며 고독하게 생활하고 있다.

베일속에 가려진 사형장의 전모가 전격공개!
원색화보 특별수록

마지막 가는 길목에서 그들은 하늘을 보고 땅을 본다.
세상을 경이와 공포의 도가니 속으로 몰아 넣었던
신문 제3면의 히로인들 – 말만 들어도 무시무시한 흉악범들,
그들에게도 눈물이 있었고 가슴저미는 통회가 있었다.
주어진 생을 채 마치지도 못하고 떠나야 했던
8인의 사형수 – 그들의 최후가 공개!

서음미디어 02-2253-5292

16년간 검사생활과 형사사건 전문변호사의 경험에 근거하여 자신있게 제시하는 석방의 조건!

이렇게 하면 빨리 석방된다

형사사건으로 수사를 받고 있는 피의자와 재판을 받고 있는 피고인이 반드시 읽어야 할 지침서!

저자약력

김주덕 / 저

- 법무법인 태일 대표변호사
- 대전지검 특별수사부장검사
- 서울 서부지방검찰청 형사제3부장검사
- 서울지검 총무부장검사
- 서울지검 공판부장검사
- 대검찰청 환경과장
- 경희대 법과대학 교수

우리시대의 知性 김주덕 변호사가 전격 공개하는 형사사건 25時!

● **주요목차** ●

- 수사받을 때는 이렇게 하라
- 이렇게 하면 구속되지 않는다
- 재판받는 요령을 배워라
- 보석/구속적부심/집행유예로 나가는 법
- 특별수사에서 살아남기
- 교도소에서 살아남기
- 유능한 변호사와 무능한 변호사

특별수록 : 형사사건 관련 서식

신국판 · 값 13,900원 전국 유명서점 공급중

서음미디어 (02)2253-5292

편저자 약력

서울에서 출생하여 서울대 문리대 국문과를 졸업. 1951년 경향신문 신춘문예에「聖火」가 당선되어 문단에 데뷔. 그후 일본에 진출하여「심령치료」「심령진단」「심령문답」등을 저술하여 일본의 심령과학 전문 출판사인 대륙서방에서 간행하여 큰 호응을 얻었으며, 다년간 심령학을 연구함. 그후「업」「업장소멸」,「영혼과 전생이야기」「인과응보」「초능력과 영능력개발법」「최후의 해탈자」「사후의 세계」「심령의 세계」등 심령과학시리즈 20여종 저술(서음미디어 간행)

초능력과 영능력개발법 ③

증보판 발행 : 2009년 10월 30일
발행처 : 서음미디어
등 록 : No 7-0851호
서울시 동대문구 신설동 94-60
Tel (02) 2253-5292
Fax (02) 2253-5295

저자 | 와타나베
편저자 | 안 동 민
기획/편집 | 이 광 희
발행인 | 이 관 희
본문편집 | 은종기획
표지 일러스트
Juya printing & Design
ISBN 978-89-91896-37-6
홈페이지 www.seoeumbook.com
E. mail   seoeum@hanmail.net

*이 책은 저작권법에 의해 보호를 받는 저작물이므로 무단 전제나 복제를 금합니다.
ⓒ seoeum

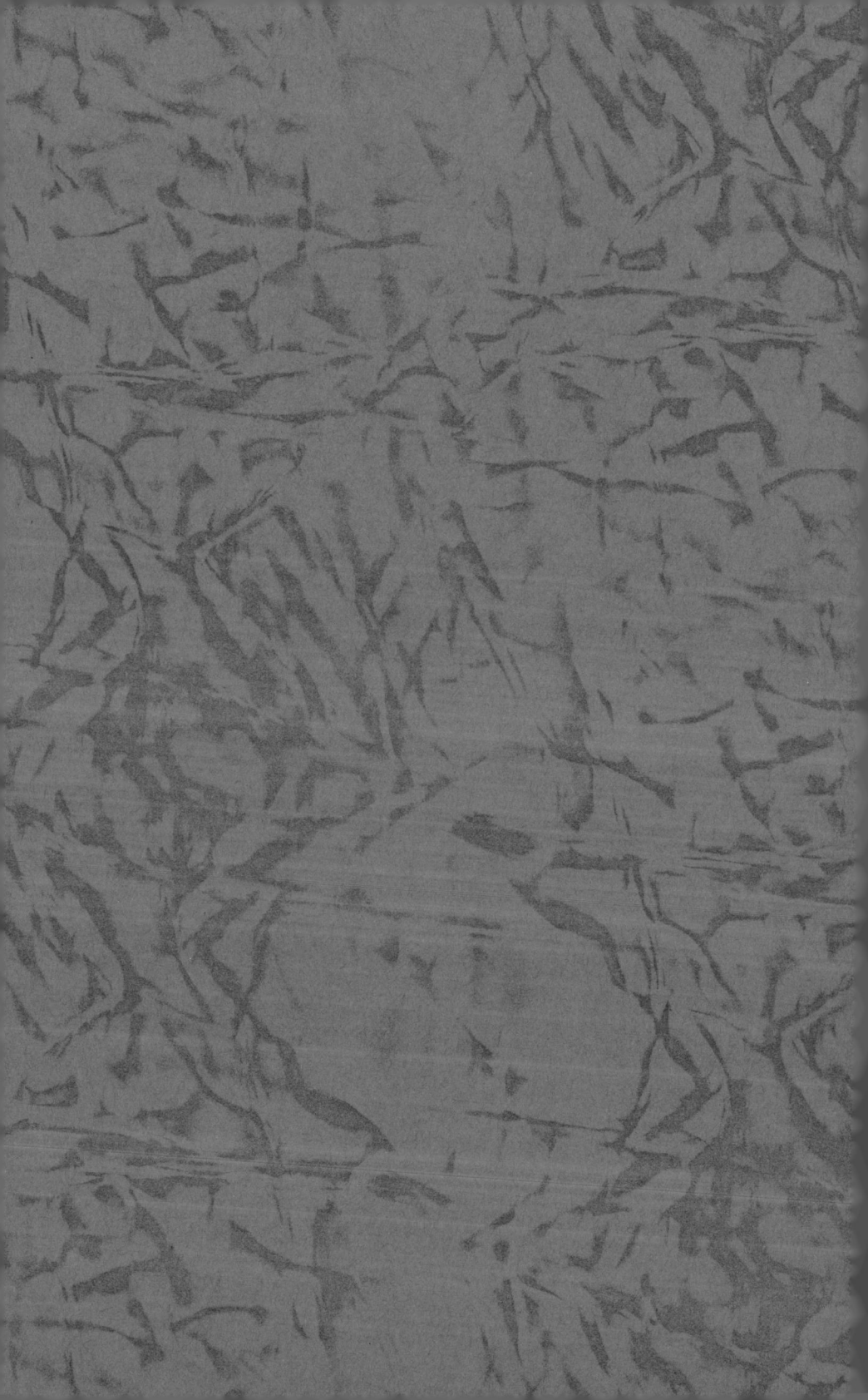

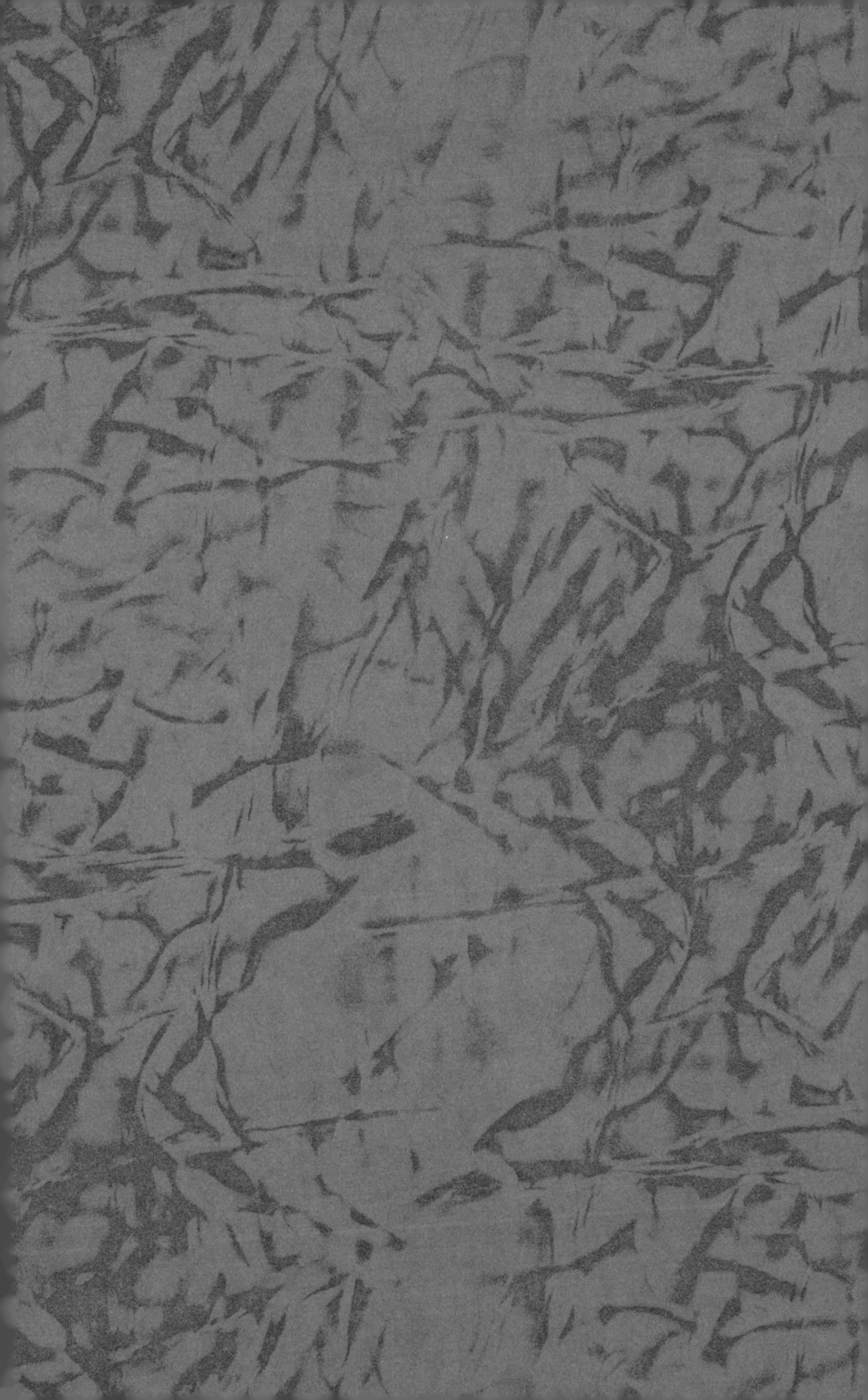